Trous blancs

Du même auteur

Helgoland, Flammarion, 2021 ; Champs, 2023.

Écrits vagabonds, Flammarion, 2019 ; Champs, 2021.

L'Ordre du temps, Flammarion, 2018 ; Champs, 2019, 2022.

Sept brèves leçons de physique, Odile Jacob, 2015.

Par-delà le visible. La réalité du monde physique et la gravité quantique, Odile Jacob, 2015.

Et si le temps n'existait pas ?, Dunod, 2012 ; 2014.

Anaximandre de Milet ou la naissance de la pensée scientifique, Dunod, 2009 ; 2015 ; 2020 ; 2023.

Carlo Rovelli

Trous blancs

Traduit de l'italien par Matteo Smerlak

Flammarion

L'édition originale de ce livre est parue
aux éditions Adelphi sous le titre :
Buchi bianchi. Dentro l'orizzonte.

978-2-0804-1386-4

À Francesca, compagne de sciences et de rêves.

La plus belle expérience que nous pouvons vivre est le mystérieux. Il représente l'émotion fondamentale qui se trouve à l'origine de l'art et de la science véritables. Quiconque ne l'a jamais rencontré et n'est plus capable de s'étonner ou de s'émerveiller est comme mort et ses yeux sont clos.

Albert Einstein

PREMIÈRE PARTIE

1

C'est le premier pas qui est le plus difficile. Les premiers mots ouvrent un espace. Comme le premier regard d'une fille dont on est train de tomber amoureux : une vie se joue dans l'esquisse d'un sourire. J'ai hésité avant de commencer à écrire. Je partais en balade dans le petit bois derrière la maison, ici, au Canada, sans savoir où j'irais.

Depuis quelques années, ma recherche s'est concentrée sur les trous blancs, les petits frères élusifs des trous noirs. Ceci est mon livre sur les trous blancs. Je vais parler des trous noirs, que nous voyons par centaines dans le ciel. De ce qui se passe sur leur bord, cette surface que l'on appelle l'*horizon*, où le temps semble s'arrêter et l'espace se déchirer. Puis de l'intérieur des trous noirs, jusque dans les profondeurs où le temps et l'espace se dissolvent. Jusqu'au point où le temps se renverse. Jusqu'au point où naissent les trous blancs.

c'est l'histoire d'une aventure en cours. comme au début de chaque voyage, je ne sais pas trop où cela va mener. je ne peux pas demander à la fille qui m'a souri si nous allons vivre ensemble... j'ai un plan de vol en tête. on s'approche du bord de l'horizon. on entre. on descend au fond. on traverse le fond – comme Alice le miroir –, on réapparaît dans le trou blanc. on se demande ce qui se passerait si le temps coulait à l'envers... et puis enfin on ressort, pour voir les étoiles, les mêmes étoiles, après un temps qui est à la fois quelques instants et des millions d'années. le temps de lire les quelques pages de ce livre.

vous me suivez ?

Marseille. Hal est dans mon bureau, debout devant le tableau noir. Je suis assis dans le grand fauteuil qui s'incline, les coudes sur le bureau, les yeux rivés sur lui. La lumière éclatante du midi entre par la fenêtre. C'est ainsi que commence mon aventure avec les trous blancs.

Hal est américain, je crois qu'il a un peu de sang Cherokee. C'est peut-être de là que vient cette délicatesse qui adoucit l'éclat de ses idées. Aujourd'hui il enseigne dans un *college* américain, mais à l'époque il était encore étudiant. Doux, précis, posé, un garçon très mûr. Il essaie de me dire quelque chose que je ne comprends pas. Une idée, ce qui pourrait arriver à un trou noir au moment où sa longue vie prend fin.

Je me souviens de ses mots : les équations d'Einstein sont invariantes par renversement du temps ; pour avoir un rebond, on renverse le temps et on colle les solutions. Je suis perdu.

Puis, d'un coup, je vois ce qu'il veut dire. Wow ! (Je suis italien, pas du genre à rester impassible comme un Cherokee.) Je vais au tableau et je fais un dessin. Mon cœur bat fort.

Il réfléchit : oui, c'est à peu près ça. Moi : c'est un trou noir qui se transforme en trou blanc par *effet tunnel* quantique à l'intérieur, mais rien ne change vu de l'extérieur. Il réfléchit un peu plus : oui… Je ne sais pas… Qu'est-ce que tu en penses, ça pourrait marcher ?

Ça a marché. Au moins en théorie. Neuf années se sont écoulées depuis cette discussion dans la lumière éclatante de Marseille. J'ai continué à travailler sur l'hypothèse que les trous noirs se transforment en trous blancs. Et avec moi, étudiants et collègues, toujours plus nombreux. C'est une idée que je trouve magnifique. C'est l'idée que je veux raconter.

Je ne sais pas si elle est juste. Je ne sais même pas si les trous blancs existent vraiment, dans la réalité. Nous savons beaucoup de choses sur les trous noirs – nous les voyons –, mais personne n'a encore jamais vu un trou blanc.

Quand j'étais doctorant à Padoue, un professeur nommé Mario Tonin y enseignait la physique théorique. Il disait que, selon lui, le bon Dieu lit chaque semaine la *Physical Review D*, le célèbre journal de physique. Quand il y trouve une idée qui lui plaît, tac ! il la met en pratique, en changeant les lois de la nature.

Si Tonin a raison, bon Dieu, ça me ferait plaisir que Tu le fasses : fais en sorte que les trous noirs finissent par devenir blancs…

Hal

*

je relis les lignes qui précèdent. le récit de ma première rencontre avec les trous blancs. je veux tout expliquer, dans l'ordre. ce que sont ces objets dont nous parlions, hal et moi. ce qu'on en sait, ce qu'on n'en sait *pas*. quel était le problème que nous cherchions à démêler. en quoi consiste l'idée de hal, ce qu'elle implique. ce que veut dire renverser le temps (rien de compliqué) et dans quel sens le temps a une direction (c'est plus compliqué).

si vous me suivez, nous arrivons au bord de l'horizon d'un trou noir, nous entrons, nous descendons au fond du trou noir, où l'espace et le temps se dissolvent, nous le traversons, nous arrivons dans le trou blanc, où le temps est renversé, et nous nous retrouvons dans le futur.

en route pour les trous blancs.

2

Ou plutôt non, en route pour les trous noirs. Pour comprendre ce que sont les trous blancs, il faut d'abord avoir une idée claire de ce que sont les noirs. Qu'est-ce qu'un trou noir ?

Le premier à s'être trompé sur leur compte, c'est Einstein. En 1915, après dix ans de travail acharné et parfois désespéré, Albert Einstein publie les équations finales de sa théorie la plus importante, la théorie de la relativité générale, enseignée aujourd'hui dans toutes les universités du monde.

Après quelques semaines seulement, il reçoit une lettre d'un jeune collègue, Karl Schwarzschild, lieutenant dans l'armée allemande. (Schwarzschild succombera quelques mois plus tard aux conditions épouvantables sur le front de l'Est.)

La lettre se conclut par ces mots magnifiques : « Comme vous le voyez, malgré le feu incessant des armes, la guerre a été assez aimable pour me permettre de m'évader et faire cette promenade au pays de vos idées. »

De cette promenade au pays des idées d'Einstein, quelque part sur le front de l'Est, au milieu des cadavres de garçons allemands et russes trucidés par la bêtise humaine (la même bêtise qui continue de faire rage aujourd'hui – mourir pour une frontière, quoi de plus stupide ?), Schwarzschild avait rapporté une solution exacte des équations de la relativité générale.

Einstein avait sué pour découvrir ces équations (la seule formule dans mon livre *Sept brèves leçons de physique*) : avant d'en arriver là, il avait publié une série d'articles contenant chacun une version différente des équations, tous faux. On ne devient pas Einstein si l'on n'a pas le courage de publier des idées fausses.

En 1915, les équations sont enfin les bonnes. Les équations qui, au cours des décennies suivantes, convaincront les physiciens de revoir leurs idées sur le temps, leur permettront de comprendre que les horloges vont plus vite en montagne qu'en plaine, que l'univers est en expansion, qu'il existe des ondes d'espace, etc. Les équations que nous utilisons aujourd'hui pour étudier le cosmos. Peut-être les plus belles équations de la physique.

Dans ces pages, nous aurons une relation intime mais compliquée avec ces équations. Elles seront notre guide, comme Virgile est le guide de Dante dans *La Divine Comédie*, parce qu'elles résument ce que nous savons de plus profond au sujet de l'espace, du temps et de la gravité. Elles sont l'instrument qui nous permet de comprendre. Elles nous disent à quoi nous attendre au bord d'un trou noir, ainsi qu'à l'intérieur. Elles nous disent ce que sont les trous blancs. Elles nous montrent le chemin vers des paysages étranges. Mais le but de l'histoire que je m'apprête à raconter est de voir ce qu'il se passe *là où ces équations ne fonctionnent plus*. Là où nous devons les abandonner. C'est cela, la science.

À mi-parcours, nous devrons abandonner le ronron rassurant des équations d'Einstein et nous laisser enchanter par quelque chose d'encore plus doux. Après tout, c'est aussi ce que fait Dante à la moitié de son voyage : arrivé aux portes du paradis, il quitte Virgile et se laisse entraîner par quelque chose de plus doux.

Revenons à Schwarzschild. La solution qu'il annonce dans sa lettre à Einstein est maintenant dans tous les manuels universitaires. Elle décrit ce qu'il advient à l'espace et au temps autour d'une masse, par exemple autour de la Terre ou du Soleil : ils sont courbés. (J'essaierai bientôt de mieux expliquer ce que cela signifie.) C'est cette courbure de l'espace et du temps qui fait que les corps tombent vers la Terre et les planètes tournent autour du Soleil : c'est l'origine de la force de gravité.

Ce que Schwarzschild cherche à faire, c'est à décrire la façon dont se déplacent les objets sous l'effet de la gravité d'une masse comme la Terre ou le Soleil. C'est le même problème que celui qui avait permis à Newton d'ouvrir la voie à la science moderne, trois siècles plus tôt. Einstein et Schwarzschild corrigent Newton : ils améliorent ses prédictions concernant le mouvement des objets autour des masses.

Mais la solution trouvée par Schwarzschild ne se contente pas d'apporter quelques petites corrections au mouvement des planètes : elle prédit aussi quelque chose de radicalement nouveau, et très étrange. Si la masse est extrêmement concentrée, il se forme autour d'elle une coquille, une surface sphérique, où tout devient bizarre : les horloges

– qui ralentissent toujours au voisinage d'une masse – s'y arrêtent complètement ; le temps gèle, il ne s'écoule plus. L'espace, quant à lui, s'étend dans la direction de la masse, s'étire comme un long entonnoir, et sur cette étrange surface, l'étirement devient une déchirure : les points situés juste à l'intérieur de cette surface sont infiniment loin des points situés juste à l'extérieur.

Temps qui s'arrête, espace qui se déchire… Tout cela semble baroque et décousu. Einstein conclut raisonnablement que cela n'a pas de sens : cette surface absurde n'existe pas dans la réalité.

En faisant quelques calculs, on peut voir que pour qu'une telle surface se forme il faut comprimer une masse très, très fort. Par exemple, pour qu'une telle surface se forme autour de la Terre, il faudrait compresser toute la planète dans le volume d'une balle de ping-pong ! Absurde. Tout cela – conclut Einstein – est sans intérêt : cette étrange coquille ne se forme jamais, parce qu'il est impossible de comprimer une masse à ce point.

Il avait tort. Il n'avait pas assez confiance en ses propres équations. Il n'a pas eu le courage de croire aux étranges conséquences de sa propre théorie. Des masses comprimées à ce point-là existent, nous le savons aujourd'hui. Il y en a des milliards de milliards dans le ciel. Ce sont les trous noirs.

Les astronomes en ont observé des petits, quelques kilomètres de diamètre à peine, et des gigantesques, grands comme tout le système solaire. Il pourrait aussi y en avoir des minuscules (petits comme une balle de ping-pong, ou légers comme un cheveu), mais de tels trous noirs, nous n'en avons pas encore vu. Pour l'instant.

La plupart des trous noirs du ciel sont nés d'étoiles qui ont fini de brûler. De grosses étoiles, si lourdes qu'elles s'effondreraient sur elles-mêmes si elles ne brûlaient pas. Les étoiles brûlent l'hydrogène dont elles sont faites, le transformant en hélium. La chaleur produite par cette réaction crée une pression qui contrebalance le poids de l'étoile et l'empêche de s'effondrer sur elle-même. C'est ainsi qu'une étoile peut vivre pendant des milliards d'années.

Mais rien n'est éternel. Quand tout l'hydrogène a brûlé, quand il ne reste plus que de l'hélium et d'autres cendres, l'étoile est comme une voiture en panne d'essence. Elle se refroidit, le poids commence à l'emporter. L'étoile se contracte. La force de gravité au sein d'une grosse étoile est immense, si forte que même la roche la plus dure ne peut résister à sa pression. Il n'y a plus rien pour empêcher l'étoile de s'effondrer sur elle-même. Elle s'enfonce au-delà de son horizon. Un trou noir s'est formé.

*

En 1928, bien avant que tout ceci ne soit compris, la compagnie téléphonique Bell embauche un jeune physicien de vingt-trois ans, Karl Jansky, pour étudier certains bruits qui perturbent les communications radio. Jansky construit une antenne rudimentaire mais ingénieuse : une grille de 30 mètres faite de tiges métalliques montées sur des roues, capable de tourner dans toutes les directions. Ses collègues baptisent l'antenne *Jansky's merry-go-round*, « le carrousel de Jansky ». Le voici :

Avec cette antenne, Jansky enregistre toutes sortes de signaux radio : les éclairs des orages qui passent, le bruit causé par les antennes radio, etc. Au milieu de tout cela, il détecte un curieux signal régulier, une sorte de sifflement enregistré à chaque tour du carrousel.

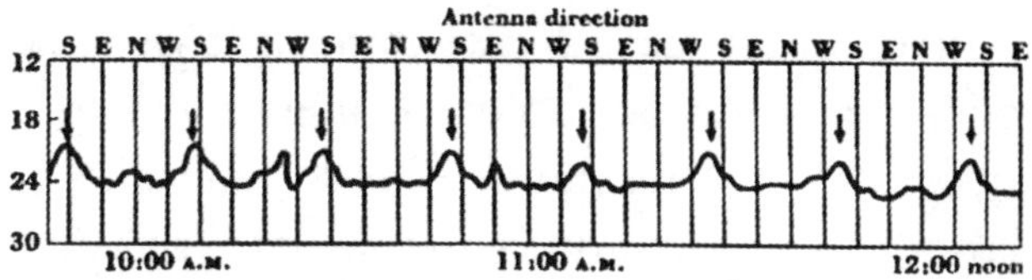

La sœur de Jansky raconte que leur père avait élevé ses enfants avec la devise : « Enquêtez sur tout ! » Alors, Jansky enquête sur ce signal pendant plus d'un an. Le sifflement croît et décroît en intensité toutes les vingt-quatre heures ; Jansky suppose naturellement qu'il provient du Soleil, étant donné que le Soleil passe au-dessus de nos têtes toutes les vingt-quatre heures. Mais le diable est dans les détails : en étudiant le sifflement plus précisément, il découvre que la période n'est pas de vingt-quatre heures – elle est légèrement plus courte, vingt-trois heures et cinquante-six minutes. Le pic du signal ne se produit donc pas tous les jours à la même heure : il avance un peu, comme une vieille horloge légèrement déréglée. Le signal ne peut pas venir du Soleil…

Un collègue astronome fait remarquer à Jansky que vingt-trois heures et cinquante-six minutes, c'est la période de rotation *des étoiles*. (Les étoiles mettent un peu moins longtemps que le Soleil à tourner dans le ciel, parce que la Terre et le Soleil tournent l'un autour de l'autre.) Le mystérieux signal radio ne peut donc venir que des étoiles ! Sa direction est facile à déterminer : il vient des étoiles vers lesquelles pointe l'antenne quand le signal est à son maximum. Jansky consulte un atlas du ciel : il vient du centre de notre galaxie…

La nouvelle est tellement sensationnelle qu'elle est reprise par le *New York Times*. Titre de l'article : « Des ondes radio en provenance du centre de la galaxie ». Le 15 mai 1933, la radio NBC, écoutée par des millions d'Américains, retransmet en direct le sifflement qui vient des étoiles, avec une interview de Jansky. « Bonsoir, mesdames et messieurs, ce soir vous écouterez en direct des signaux radio en provenance de l'extérieur du système solaire, émis quelque part dans les étoiles. » Jansky explique que le signal provient du centre de la galaxie. Le présentateur ajoute que la puissance d'une source située à trente mille années-lumière et capable d'envoyer un signal jusqu'à nous doit être « fantastique », des « millions de millions de fois plus puissante que n'importe quelle station de radio sur Terre… ».

Cinq jours plus tôt, le 10 mai 1933, les nazis avaient commis leur plus grand autodafé sur la Opernplatz, à Berlin. Parmi les textes brûlés se trouvaient les poèmes de Vladimir Maïakovski (« Mon poème atteindra sa destination… et pas comme arrive la lumière des étoiles mortes »), et les livres d'Albert Einstein. Quatre-vingts ans plus tard, grâce aux idées contenues dans ses livres, nous savons de quoi est fait le mystérieux signal entendu par des millions d'Américains ce soir-là : c'est le rayonnement émis par de la matière incandescente prise dans une ronde furieuse autour d'un trou noir géant au centre de notre galaxie. Un trou noir aussi grand que l'orbite de la Terre, avec une masse quatre millions de fois plus grande que celle de notre Soleil.

j'en suis à la troisième révision de ces pages. aujourd'hui les astronomes ont rendu publique une image de ce trou noir, celui qui est au centre de notre galaxie. l'image montre la matière incandescente qui tourne autour de lui, tout proche de son horizon, et qui génère le rayonnement détecté il y a un siècle par l'antenne de jansky. la voici :

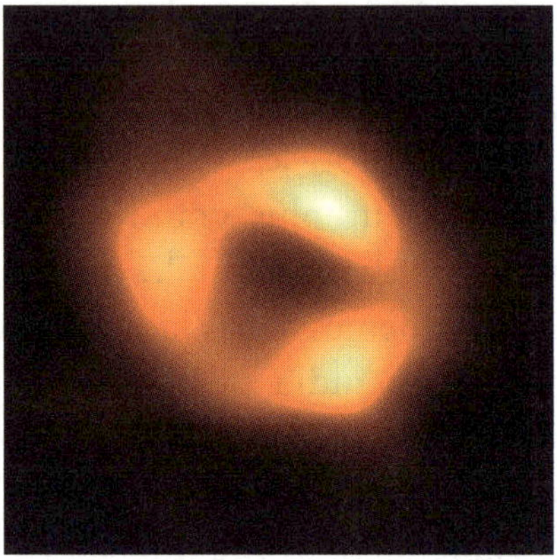

je ressens une vive émotion en regardant cette image. j'ai étudié les trous noirs toute ma vie, sans savoir s'ils existaient vraiment… et en voilà une image directe. je n'aurais jamais imaginé ça possible quand j'étais étudiant…

Il y a encore vingt ans, beaucoup doutaient toujours de l'existence des trous noirs. En janvier 2000, j'ai déménagé des États-Unis vers la France. Le directeur de mon nouveau département m'a demandé : « Tu ne crois pas vraiment que les trous noirs existent ? » Aujourd'hui lui aussi a changé d'avis. Ce n'est pas une critique que je lui fais ici. C'est la beauté de la science, il n'y a aucun mal à changer d'avis : nous apprenons. Les meilleurs scientifiques changent souvent d'avis, comme Einstein.

Dans l'image ci-dessus, le trou noir lui-même, ou plutôt l'*horizon* – la surface étrange qui l'entoure –, est le petit disque obscur dans la région centrale, au cœur de cette matière incandescente en rotation autour de lui.

L'horizon sera notre porte d'entrée.

3

Approchons-nous donc de ce seuil, l'horizon. Que se passe-t-il sur l'horizon d'un grand trou noir, au-delà de cette matière qui tournoie si violemment, s'échauffe si fort qu'on peut la détecter avec une grille en fer située à trente mille années-lumière ?

Il a fallu des décennies pour comprendre ce qu'il se passe sur l'horizon. Einstein n'est pas le seul à n'y avoir rien compris. Physiciens et astrophysiciens sont longtemps restés confus. C'est seulement dans la deuxième moitié du siècle dernier que l'on a commencé à comprendre les horizons. Aujourd'hui encore, il n'est pas rare de croiser des collègues qui s'embrouillent à leur sujet.

Allons donc voir par nous-mêmes.

Dans un texte intitulé *Le Rêve*, Kepler, celui qui a compris pour la première fois comment les planètes tournent autour du Soleil, raconte que sa mère avait l'habitude de l'emmener se promener à travers le système solaire sur un manche à balai, pour lui faire voir la Lune, le Soleil et les planètes de plus près.

La mère de Kepler fut accusée de sorcellerie. Mais avant que vous me demandiez si c'était une vraie sorcière : au procès, défendue par son fils, elle fut acquittée.

Kepler voulait aller voir. Aller voir, c'est cela, la science. Aller fouiner là où nous ne sommes jamais allés. En utilisant les mathématiques, la logique, l'intuition, la raison. Autour du système solaire, au cœur des atomes, dans les cellules vivantes, parmi les convolutions des neurones de notre cerveau, par-delà l'horizon des trous noirs… Aller voir, avec les yeux de l'esprit.

*

Sur Terre, nous appelons « horizon » la ligne au-delà de laquelle nous ne voyons plus rien. Si nous embarquons sur un bateau et naviguons vers cette ligne, nous pouvons la traverser. Quand nous la traversons, rien de particulier ne se passe.

Nous disparaissons de la vue de ceux qui sont restés sur le rivage, sans que cela implique la moindre conséquence sur le navire (une fête, dans certaines traditions maritimes).

Surprise : c'est aussi vrai pour l'horizon d'un trou noir. À bord d'un vaisseau spatial, nous pouvons nous approcher de l'horizon autant que nous le souhaitons. Le rejoindre. Le traverser. Rien ne se passe de particulier. Nos horloges avancent à leur rythme normal, les distances autour de nous sont normales.

Ce qu'il se produit alors que nous pénétrons à l'intérieur de l'horizon du trou noir, c'est que nos amis restés derrière ne nous voient plus. Nous sommes au-delà de *leur* horizon. Comme le bateau qui devient invisible du rivage. Si après avoir traversé l'horizon du trou noir nous essayons d'envoyer un rayon de lumière vers l'extérieur, pour leur envoyer un signal, le rayon ne sort pas. Il demeure piégé à l'intérieur de la coquille de l'horizon. À l'intérieur de l'horizon, la force d'attraction de la gravité est si forte qu'elle capture même les rayons lumineux.

*

Mais alors pourquoi la solution trouvée par Schwarzschild indique-t-elle que les horloges s'arrêtent sur l'horizon, que l'espace s'y déchire, induisant en erreur Einstein et tous les autres qui pensaient que les trous noirs n'existaient pas ? S'il est possible de traverser l'horizon, si tout y est normal, la solution de Schwarzschild est-elle fausse ?

Non, elle n'est pas fausse. C'est seulement qu'elle est écrite du point de vue d'observateurs situés loin de l'horizon. La solution de Schwarzschild est une carte géographique de l'espace *à l'extérieur de l'horizon*.

Sur les cartes géographiques – c'est bien connu – il se produit des choses bizarres. Prenez une carte de la Terre faite de deux disques :

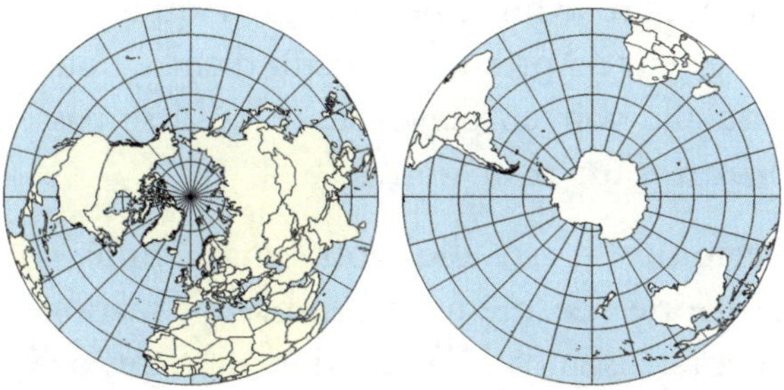

L'équateur semble être un lieu extrêmement spécial : le bord du monde, où la Terre se déchire.

En réalité, rien ne se déchire sur l'équateur, et rien ne s'y produit de spécial (à part la chaleur qui y règne). La surface de la Terre n'est pas plate, et ne peut donc pas être couverte par une seule carte, mais ce n'est pas pour autant que la Terre finit là où la carte finit. L'espace-temps n'est pas plat non plus, et donc il ne peut être couvert par une seule carte, mais ce n'est pas pour autant qu'il finit au bord de la solution de Schwarzschild.

Voici ce qui est arrivé à Einstein et à tous les autres : ils ont mal interprété la solution de Schwarzschild, comme celui qui regarde la carte ci-dessus et en déduit que la Terre finit à l'équateur. Des dizaines de chercheurs, parmi les meilleurs, ont fait cette erreur, pendant des décennies (et certains continuent de la faire, y compris certaines sommités).

Comment avons-nous compris qu'il s'agissait d'une erreur ? Après tout, aucun d'entre nous n'est encore allé voir en personne ce qu'il se passe sur l'horizon d'un trou noir…

Personne n'est allé voir, mais nous avons une théorie. Le même ensemble d'équations qui donnent naissance à la solution de Schwarzschild nous permet *aussi* de calculer ce qu'il se passe lorsqu'on s'approche de l'horizon. Le calcul n'est pas tellement difficile. Je le donne comme exercice à mes étudiants quand j'enseigne la relativité générale. Mais il a fallu du temps avant que quelqu'un ne pense à le faire, et ne comprenne ce qu'il signifie.

Le premier à franchir ce pas fut David Finkelstein, en 1958, quand j'avais deux ans. Finkelstein était un scientifique d'une immense culture, s'intéressant aussi bien à la politique, aux arts, à la musique et, bien sûr, à la science. Il nous a quittés il y a quelques années, en 2016. J'ai eu la chance de le rencontrer à la fin de sa vie : longue barbe de prophète, tantôt hiératique, tantôt facétieux. L'un de ces scientifiques, rares, qui ouvrent de nouvelles voies à la pensée. Nous le retrouverons plus tard dans cette histoire.

David Finkelstein

En 1958, donc, Finkelstein publie un travail magnifique dans lequel il clarifie la nature de l'horizon[1]. Son titre est : *La dissymétrie entre le passé et le futur dans le champ gravitationnel d'une particule ponctuelle.* Cela sonne très technique mais restez avec moi : l'idée présentée dans ce titre sera la clé de notre histoire. *La dissymétrie entre le passé et le futur.*

Le calcul de Finkelstein montre que, quand nous nous approchons de l'horizon puis le traversons, nos horloges ne ralentissent *pas*, et *rien* de particulier ne se passe autour de nous. Exactement comme pour les marins qui traversent la ligne d'horizon et disparaissent de notre vue.

*

Alors pourquoi les horloges s'arrêtent-elles dans la solution de Schwarzschild ?

Parce que la solution de Schwarzschild ne décrit pas ce qu'il se passe là-bas, mais *comment cela apparaît vu de loin.* De loin, les horloges semblent bien ralentir et s'arrêter au niveau de l'horizon. Il n'y a aucune contradiction entre les deux points de vue.

Imaginons que nous voyageons dans des pays où la poste est de plus en plus lente, et que nous envoyons chaque jour une lettre à notre père. Il recevra nos lettres à des intervalles toujours plus longs, parce que nous traversons des pays où les postes mettent plus de temps à les faire suivre. Pour lui, tout se passe comme si c'était nous qui ralentissions : au début du voyage, il reçoit une lettre chaque jour ; puis une par semaine ; puis une par mois... Il lui semble que notre vie ralentit.

Si finalement nous arrivons dans le désert, où la poste ne fonctionne pas du tout, il lui restera la dernière lettre, envoyée avant d'y arriver, qu'il aura reçue après une durée extrêmement longue. Le bord du désert est le point où notre temps s'est arrêté *pour lui* : l'horizon au-delà duquel il ne nous voit plus. Ce qu'il voit, c'est la dernière image, figée à l'entrée du désert.

Quelque chose de semblable se produit si nous traversons l'horizon d'un trou noir. Si notre père nous observe nous approcher de l'horizon, il percevra le tic-tac de nos horloges toujours plus ralenti, parce qu'à mesure que nous avançons la lumière met plus de temps pour lui parvenir. S'il continue à attendre, il verra les derniers instants de notre vie au voisinage de l'horizon toujours plus ralentis, avant de nous voir finalement nous immobiliser sur l'horizon, juste avant de le traverser.

Dans le désert, ou à l'intérieur d'un trou noir, nous continuons de vivre normalement, mais notre père ne reçoit plus aucune information de nous, aussi longtemps qu'il attende.

Le temps, en somme, ne s'arrête pas *pour qui est sur l'horizon.* C'est pour ceux qui observent le voyageur de loin que tout s'arrête quand ce dernier s'approche de l'horizon.

*

L'analogie avec les lettres envoyées en s'approchant du désert est bonne mais incomplète. La différence est importante : si, au lieu de poursuivre notre voyage dans le désert, nous choisissons de faire demi-tour et de retourner vers notre père, les heures qui se seront écoulées depuis notre dernière rencontre seront les mêmes pour lui et pour nous. S'il a vieilli d'un an, nous aurons aussi vieilli d'un an.

Il n'en va pas de même pour les distorsions temporelles provoquées par un horizon : celles-ci sont bien réelles. Si nous nous approchons de l'horizon, que nous restons quelques instants dans son voisinage, et finalement retournons vers notre point de départ, le temps qui se sera écoulé *pour nous* depuis notre dernière rencontre avec notre père sera *plus court* que le temps écoulé pour lui. Il aura vieilli plus que nous.

Cela n'est pas un effet de perspective : c'est la vraie distorsion du temps provoquée par la gravité : là où la gravité est plus forte, le temps s'écoule plus lentement. C'est ce que nous voulons dire quand nous disons que l'espace-temps est « courbe ». Le temps s'écoule différemment en différents lieux.

*

Dans un sens, le temps ralentit au voisinage de l'horizon parce que, du point de vue d'un observateur lointain, nos mouvements semblent plus lents, et aussi parce que, si nous rebroussons chemin, nous aurons moins vieilli que ceux qui sont restés derrière. Mais dans un autre sens, le temps ne ralentit pas : pour nous qui traversons l'horizon, aucun ralentissement n'est perceptible. Pour nous, le temps s'écoule normalement.

Peut-être te vient-il l'envie, cher lecteur, de demander lequel de ces deux temps est le « vrai » temps : le temps sur l'horizon, ou le temps vu de loin ? La réponse est : aucun des deux. La révolution d'Einstein, ce fut précisément de comprendre que cette question n'a aucun sens. C'est comme demander si une région de la Terre est « au-dessus », ou

« en dessous ». Pour tout le monde, le « dessus », c'est là où il se trouve ; les autres sont en « dessous ». Chaque point de la Terre définit un « dessus » et un « dessous »... Points de vue différents. De la même manière, chaque point de l'univers a son temps propre. Des points différents peuvent s'envoyer des signaux – comme le sifflement que nous envoie le trou noir au centre de la galaxie –, mais le temps s'écoule différemment en différents points, et aucun temps n'est plus vrai qu'un autre.

Le ralentissement du temps au bord de l'horizon exprime donc *la relation* entre la façon dont le temps s'écoule entre différents points. C'est seulement du point de vue d'un observateur lointain que le temps s'arrête sur l'horizon.

La trame du monde consiste en ces *relations* entre-temps multiples. Il n'existe pas de temps universel : la réalité est faite de cette trame tissée entre les temps locaux par la possibilité d'échanger des signaux.

De près, l'horizon est un lieu comme les autres. De loin, c'est le lieu où le temps s'arrête.

C'est cela qu'a compris David Finkelstein.

*

Finkelstein a écrit un article sur une gravure célèbre de Dürer, le maître de la perspective de la Renaissance. Le titre de la gravure est *Mélancolie I*.

Albrecht Dürer, *Mélancolie I*

C'est une œuvre complexe, chargée de symboles. Je ne pense pas que ce soit une coïncidence si le premier à comprendre la nature des horizons des trous noirs n'était pas un mathématicien virtuose mais quelqu'un capable d'écrire sur Albrecht Dürer et la perspective pendant la Renaissance.

La découverte de la perspective picturale pendant la Renaissance s'accompagna d'une découverte plus générale : la réalité elle-même est faite de perspectives. L'ambiguïté de la gravure reflète et raconte ces différentes perspectives. Dans la lecture qu'en fait Finkelstein, Dürer met en scène la mélancolie de ceux qui cherchent, en vain, à atteindre le beau et le vrai absolus. Si tout est affaire de perspectives, alors il est impossible d'atteindre la vérité et la beauté absolues. Cette impossibilité d'accéder à l'absolu est – selon Dürer, dans l'interprétation de Finkelstein – l'origine de notre mélancolie.

(pas pour moi. au contraire : c'est la cause d'un doux vertige. le vertige de la légèreté, de l'inconstance de cette réalité ténue dont nous faisons partie…)

4

Nous sommes sur le point de traverser l'horizon et de voir le trou noir de l'intérieur. Avant d'entrer, permettez-moi une autre digression (que vous pouvez sauter, si vous voulez).

Nous nous sommes *approchés* du trou noir, nous n'avons pas encore pénétré à l'intérieur, et déjà nous sommes confrontés à quelque chose de déroutant : la relativité du temps. Un fait établi mais malgré tout une idée difficile à digérer, peut-être la plus difficile de notre voyage.

Dante lui aussi rencontre un grand péril avant de traverser le seuil de l'Enfer : trois bêtes féroces qui lui barrent le chemin. Comme tout voyageur, il sait que c'est le premier pas qui est le plus difficile : sortir des sentiers battus.

Comment naissent des idées aussi étranges que la relativité du temps, et comment finissent-elles par s'imposer ?

De tels sauts conceptuels ne sont pas propres à la science moderne. Au contraire, ils participent d'un courant profond qui a toujours nourri notre compréhension du monde. C'est la façon dont nous apprenons : en remettant en question certaines évidences.

Nous avons compris que la Terre est ronde (il y a deux mille ans) ; nous avons compris qu'elle bouge (il y a cinq siècles). À première vue, ces idées sont absurdes. La Terre semble plate et immobile. Pour accepter de telles idées, la difficulté n'est pas l'idée elle-même, c'est de se libérer d'une vieille croyance qui semblait évidente, impossible à remettre en question. Nous sommes toujours convaincus que nos intuitions naturelles sont justes : c'est *cela* qui nous empêche d'apprendre.

La difficulté n'est donc pas d'apprendre, c'est de désapprendre. La plus grande partie du grand livre de Galilée, le *Dialogue sur les deux grands systèmes du monde*, n'est pas consacrée à la démonstration que la Terre tourne. Elle est consacrée à démolir l'intuition profondément enracinée qu'elle ne peut pas tourner.

Pour arriver à la relativité du temps, il a fallu vingt-six siècles et plusieurs sauts conceptuels. Voici le résumé de ces deux millénaires et demi d'histoire de la pensée.

1. *Anaximandre* (VIe siècle AEC) est le premier : il comprend que si le Soleil, la Lune et les étoiles tournent dans le ciel en passant derrière l'horizon, il doit y avoir de l'espace libre *sous* la Terre : *la Terre est donc suspendue dans le vide.*

2. *Aristote* (IVe siècle AEC) observe que, lors d'une éclipse de Lune, le disque de la Lune n'est que légèrement plus petit que le disque de l'ombre de la Terre. Donc *la Lune est un grand corps céleste*, à peine plus petit que la Terre.

3. *Aristarque* (IIIe siècle AEC) note que l'angle entre le Soleil et la Lune au premier quartier de Lune (α sur le dessin) est presque droit (essayez de le mesurer à la prochaine demi-lune, c'est facile).

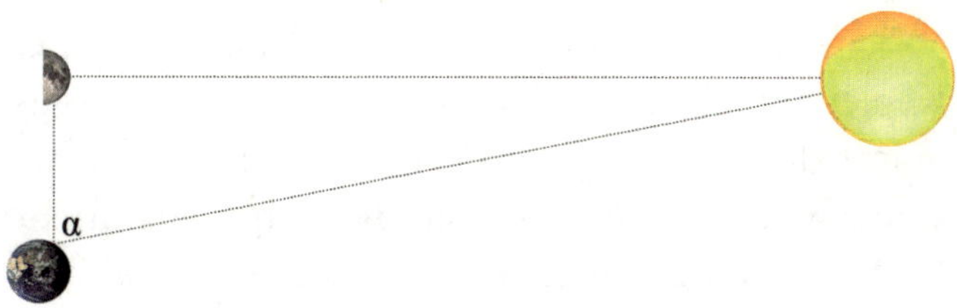

Le triangle Soleil-Terre-Lune a donc deux angles quasi droits : l'angle de la Terre (pointant vers la Lune et le Soleil), et l'angle de la Lune (pointant vers la Terre et le Soleil). Le troisième sommet du triangle, le Soleil, est donc *beaucoup* plus loin de la Terre que la Lune.

Mais puisque la Lune et le Soleil ont apparemment la même taille dans le ciel, ce dernier doit être *beaucoup* plus grand que la Lune, et donc : *le Soleil est gigantesque, beaucoup plus grand que la Terre !* Dès lors, on peut imaginer – suggère Aristarque il y a vingt-trois siècles – que c'est la petite Terre qui danse autour du Soleil, et pas l'inverse.

4. Il faudra attendre *Copernic* (XVIe siècle) et *Kepler* (XVIIIe siècle) pour que cette façon de penser démontre son efficacité à expliquer le mouvement des planètes. Mais il faudra aussi le talent rhétorique de *Galilée* (XVIIe siècle) dans son *Dialogue* pour convaincre l'humanité que, *pourtant, elle tourne.*

5. S'appuyant sur les résultats de Copernic, Kepler, et Galilée, *Newton* (XVIIe siècle), le plus grand de tous les scientifiques, construit la physique moderne. Il se demande ce qui maintient la Terre et les autres planètes sur leurs orbites. Il imagine que tous les corps ont un mouvement

« naturel » (une idée d'Aristote), à vitesse constante (une idée de Galilée), *dans un espace physique décrit par la géométrie d'Euclide* (son idée), mais qu'ils sont déviés de ce mouvement par des « forces » (son idée). Avec une maîtrise mathématique magistrale, il montre que *la force qui maintient la Lune et les planètes sur leurs orbites est la même « gravité » qui nous attire vers le bas.* L'idée de « force » agissant à distance est le coup de génie de Newton. C'est la première intuition qu'il existe quelque chose d'autre dans la réalité physique que des billes qui s'entrechoquent.

6. En étudiant les forces électriques et magnétiques, *Faraday* et *Maxwell* (XIXe siècle) comprennent que les forces ne sont pas instantanées. Il y a un délai entre cause et effet : le temps de parcours de la lumière. La lumière est rapide, ces délais sont courts : Newton avait *presque* raison, l'effet est *presque* instantané. Mais pas exactement. « Quelque chose » de diffus dans l'espace transporte la force d'un corps vers l'autre, progressivement. Nous appelons ce « quelque chose » imaginé par Faraday un « champ physique » : les champs électrique, magnétique, gravitationnel sont les intermédiaires des forces. Maxwell écrit les équations qui gouvernent les champs électrique et magnétique.

7. Alors qu'il cherche les équations correspondantes pour le champ de la gravité – ces équations dont Schwarzschild trouvera une solution exacte –, *Einstein* (XXᵉ siècle) fait la découverte la plus spectaculaire depuis celle d'Anaximandre que la Terre flotte dans le vide : *la géométrie de l'espace et du temps*, mesurée par les règles et les horloges, *est déterminée par le champ gravitationnel*, le champ qui transmet la gravité. Les équations qui décrivent ce champ décrivent donc *aussi* comment l'espace et le temps se déforment. *C'est donc cela, la gravité : une déformation de l'espace et du temps*, sous l'influence des objets matériels et des champs physiques. Cette déformation implique le ralentissement des horloges. C'est ainsi que nous sommes arrivés à la dilatation du temps.

La masse de la Terre ralentit le temps dans son voisinage. Ce ralentissement est faible mais, avec des horloges très précises, nous pouvons le mesurer. L'effet le plus visible de sa masse, c'est la gravité que nous connaissons bien, celle qui fait tomber les objets pesants vers le bas. Celle-ci est une conséquence directe du ralentissement du temps : il faut un peu de mathématiques pour le montrer en détail, mais *une pierre tombe parce qu'elle suit une ligne droite dans un espace-temps déformé par le ralentissement local du temps.*

Cette idée miraculeuse – la gravité est l'effet de la déformation de l'espace et du temps –, c'est la théorie de la relativité générale d'Einstein. Une idée extrêmement simple (comme celle d'Anaximandre) et néanmoins déconcertante (comme celle d'Anaximandre), qui remet en cause quelque chose qui semblait évident : l'idée que la géométrie de l'espace doit être la géométrie d'Euclide, et que le temps s'écoule partout de la même manière.

Si ce panorama très condensé de l'histoire de la physique théorique vous paraît incompréhensible, ce n'est pas grave… Il n'est pas indispensable pour la suite. Mais si cette histoire vous intéresse, je la raconte en détail dans *Par-delà le visible. La réalité du monde physique et la gravité quantique*.

Fin de la digression.

5

Nous y sommes. Nous sommes au seuil de l'horizon. Nous le traversons. Grâce à Finkelstein, nous ne craignons pas que le monde finisse ici. Ce n'est pas la première fois que des mots – *Vous qui entrez, laissez toute espérance** – se sont révélés indûment menaçants.

Nous entrons donc, avec le courage de celui qui se jette dans l'inconnu. Les mots d'Ulysse nous accompagnent : *Ne refusez pas l'expérience, en suivant le soleil, du monde inhabité. Considérez votre semence : vous ne fûtes pas faits pour vivre comme des brutes mais pour suivre vertu et connaissance.* Comme les compagnons d'Ulysse dans

* NDT : Les citations en italique dans ce paragraphe et les suivants proviennent de *La Divine Comédie* de Dante. Nous utilisons ici la traduction de Jacqueline Risset pour GF Flammarion.

l'Enfer, *des rames nous fîmes des ailes pour le vol fou.*

Nous sommes à l'intérieur du trou noir, *à l'intérieur des choses secrètes.*

Avec une bonne carte du ciel, nous pouvons voir que nous avons passé le seuil au-delà duquel il est trop tard pour envoyer des nouvelles à la maison. Trop tard pour freiner et faire demi-tour. De l'horizon, même la lumière ne peut pas s'échapper ; à plus forte raison, nous non plus. Peu importe le nombre de fusées que nous allumons, maintenant, il est impossible de ne pas tomber vers le centre.

Pour sortir, il nous faut *aller par un autre chemin.*

En regardant attentivement autour de nous, nous pouvons voir que nous sommes *à l'intérieur* d'un trou noir. L'espace est formé de sphères concentriques, comme à l'extérieur de l'horizon ; mais à l'extérieur nous pouvons nous déplacer vers les sphères plus grandes (vers le haut) en allumant des fusées suffisamment puissantes. Alors qu'ici, à l'intérieur, quoi que nous fassions, nous progressons vers des sphères plus petites. La gravité est si forte que rien ne peut nous empêcher de tomber.

Comme Dante et Virgile dans les cercles de l'Enfer, nous descendons.

*

La géométrie de l'espace à l'intérieur d'un trou noir, dans le *monde aveugle*, ressemble beaucoup à celle de l'Enfer de Dante. Imaginez un entonnoir. Un entonnoir très long. À chaque instant, on peut se figurer l'intérieur du trou noir comme cet entonnoir[2]. Plus le trou noir est vieux, plus l'entonnoir est long. L'intérieur d'un vieux trou noir peut être long de plusieurs millions d'années-lumière. Voici une image pour nous aider à nous représenter l'intérieur d'un trou noir à un instant donné[3] :

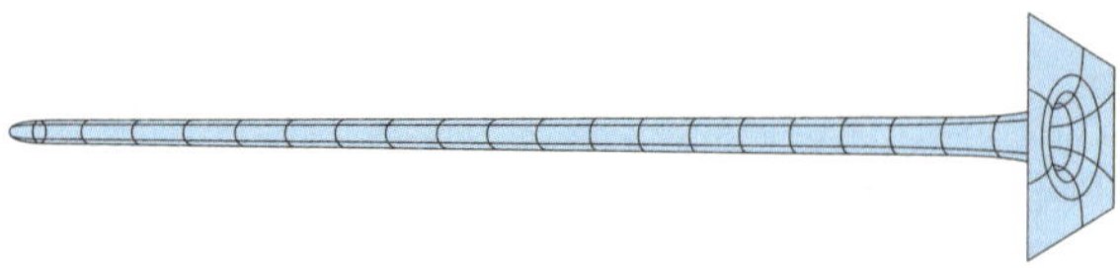

Quoique immense, la longueur de l'entonnoir n'est pas infinie : au fond, on trouve toujours l'étoile qui en s'effondrant a donné naissance au trou noir :

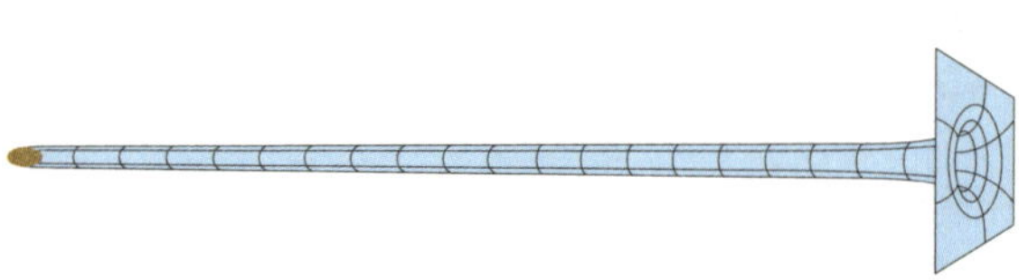

Contrairement à l'Enfer de Dante, qui pour autant que nous le sachions demeure toujours égal à lui-même, ici, à mesure que le temps passe, l'entonnoir s'*allonge* et se *resserre.*

Pour illustrer ceci, j'ai dessiné ci-dessous une série d'entonnoirs, chacun représentant l'intérieur du trou noir à des moments différents. Suivant la convention des physiciens, le déroulement du temps est orienté vers le haut. (Je ne sais pas pourquoi nous faisons comme ça ; nous avons peut-être pris cette habitude des géologues, qui représentent le passé vers le bas parce que les strates plus anciennes sont aussi plus profondes.) Il faut donc lire le dessin en commençant par le bas : à mesure que le temps s'écoule, le tube s'allonge et se resserre :

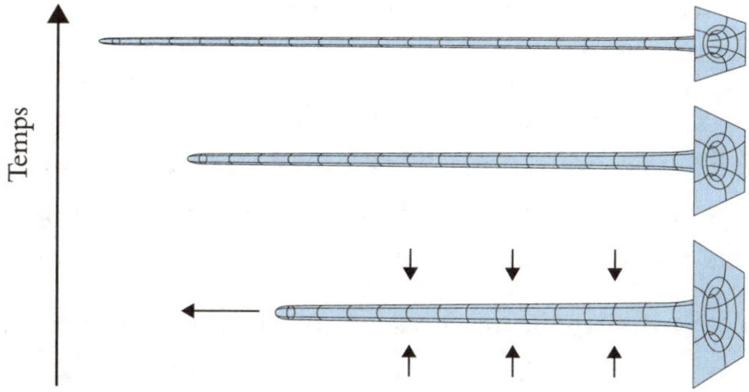

Quand nous descendons dans le trou noir, nous sommes à chaque instant en un point de cet entonnoir, toujours plus profond. Comme ceci :

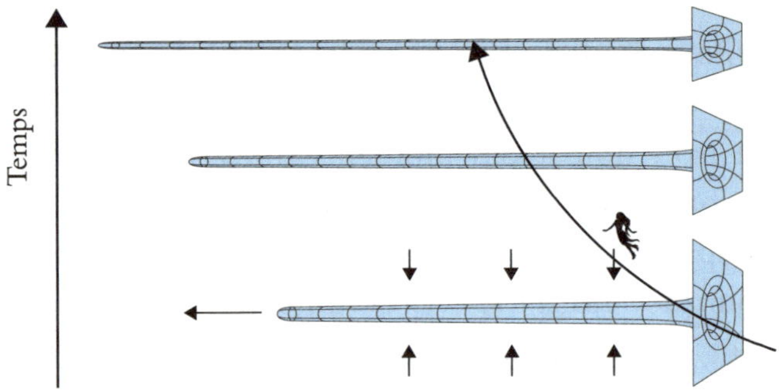

C'est cela, la forme de l'espace à l'intérieur d'un trou noir : un gouffre sans fond (*noir, profond et embrumé*), qui se resserre autour de nous à mesure que nous tombons, sans que jamais nous touchions le fond où se trouve l'étoile qui lui a donné naissance.

Comment savons-nous cela, si personne n'est allé voir pour nous le raconter ? Nous le savons parce que l'intérieur du trou noir est décrit par les équations d'Einstein.

Sauf si quelque chose nous force à les remettre en question, nous n'avons aucune raison de ne pas faire confiance à ces équations, dont les prédictions – aussi spectaculaires qu'inattendues – ont jusqu'ici *toutes* été vérifiées.

Ces équations sont notre guide : comme le doux Virgile – *mon guide, mon seigneur et mon maître* –, elles nous montrent le chemin qui descend, descend toujours plus bas *dans ce monde aveugle*.

6

Mais, tôt ou tard, même les meilleurs guides ne suffisent plus. Tôt ou tard, quelque chose se produit qui nous fait douter d'eux. « Si tu rencontres le Bouddha, tue-le », aurait enseigné Línjì Yìxuán, l'un des grands maîtres bouddhistes chinois de la tradition *chan*[4].

Au fond du trou noir, là où nous tombons, se trouvent des régions où la déformation de l'espace-temps est extrêmement forte.

Là, nous nous attendons à ce qu'interviennent des effets *quantiques*, comme toujours dans des conditions extrêmes. Les équations d'Einstein ne tiennent pas compte de ces phénomènes : elles les ignorent. Dans ces régions-là, elles ne fonctionnent plus. Nous perdons notre guide.

En effet, il est certain que les équations d'Einstein ne suffisent plus à partir d'un certain point, parce que, si nous continuons à les utiliser, elles cessent de fonctionner. Elles prédisent que la géométrie subit une déformation toujours plus forte, jusqu'au point où tout se détraque : à un certain moment, les variables des équations deviennent infinies – impossible de poursuivre. La théorie d'Einstein, notre guide si fiable jusqu'à présent, nous abandonne. Ces régions – ces points, ces plis – s'appellent « singularités ».

Mais le diable se loge dans les détails. Voyons *où* les équations cessent de fonctionner. Attention, c'est ce détail qui a produit le plus de confusion, et qui continue d'induire en erreur certains des meilleurs scientifiques. C'est en étant très attentifs à ce détail que Hal et moi avons réussi à sortir de l'impasse.

Il est naturel de penser que les phénomènes étranges se produisent *au fond de l'entonnoir*, en bas, vers le centre du trou noir, dans la zone jaune sur ce dessin :

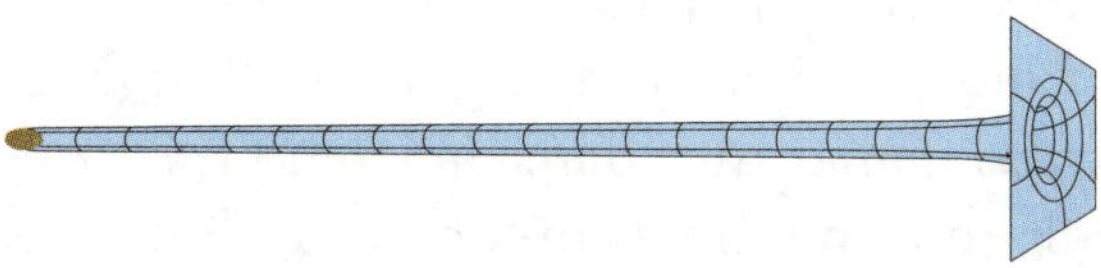

Mais ce n'est pas le cas.

Au centre de l'entonnoir, il n'y a rien d'autre que l'étoile en train de tomber, il n'y a pas de singularité. Les équations fonctionnent encore dans cette zone-là.

Mais comment ? Si nous entrons dans un très vieux trou noir, l'étoile n'a-t-elle pas fini de tomber depuis longtemps ? Ne s'est-il pas écoulé un temps très long depuis son effondrement ? Une étoile qui s'effondre sur elle-même collapse en un temps très court. Comment se fait-il qu'elle soit toujours là, en train de tomber, depuis si longtemps ?

Le temps... le temps... toujours le nœud du problème... « Si longtemps » pour l'un ne veut pas dire « si longtemps » pour l'autre. « Si longtemps » pour nous ne veut pas dire « si longtemps » pour l'étoile. En bas, au fond, le temps est extraordinairement ralenti. Dehors, des millions d'années ont pu s'écouler, mais en bas, seulement une fraction de seconde... L'étoile est bien encore en train de tomber[5], au fond de l'entonnoir qui s'allonge et se resserre, parce que dans *son* temps il ne s'est écoulé qu'une fraction de seconde. La zone où les déformations deviennent infinies, où les équations d'Einstein cessent de fonctionner, cette zone n'est pas là !

Elle est dans le futur. Elle concerne ce qui se passe *après* l'intervalle de temps représenté par le dernier dessin. C'est la zone rouge sur ce dessin :

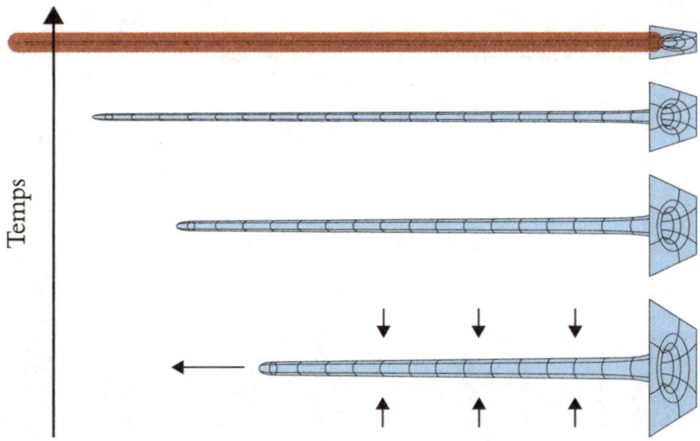

Alors que le diamètre de l'entonnoir rétrécit, c'est-à-dire que le cylindre devient plus courbé, comme un rouleau de papier de plus en plus enroulé. Plus l'entonnoir se resserre, plus la déformation de l'espace-temps est forte. Quand celle-ci atteint la fatidique « échelle de Planck[6] », on entre dans la région où les équations d'Einstein sont invalidées par les phénomènes quantiques qui affectent l'espace et le temps[7]. C'est la zone rouge de ce dessin.

Si nous ignorons ces phénomènes et continuons à nous fier à la théorie d'Einstein, les équations prédisent que l'étirement de l'espace se poursuit jusqu'à la catastrophe : le long tube fin devient toujours plus long et plus fin, jusqu'à s'écraser en une seule ligne (et nous écraser avec lui) :

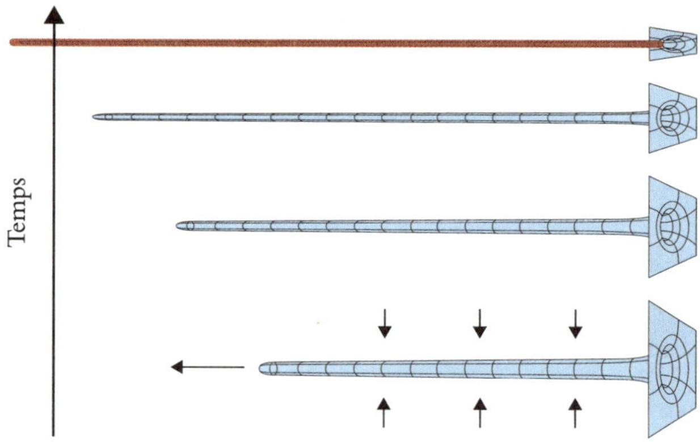

Et puis ? Et puis c'est tout. L'espace s'est effondré, le temps s'est arrêté. Nous nous cognons contre un mur. Si l'on en croit la théorie d'Einstein, le temps s'arrête là.

La région singulière, la région quantique, se trouve donc *dans le futur*, où le tube s'effondre en une ligne infiniment longue. Elle n'est pas *au centre* du trou noir, là où se trouve toujours l'étoile en train de tomber, comme, hélas, beaucoup continuent de le penser. C'est cette équivoque qui est à l'origine de la confusion autour du destin des trous noirs.

Autrement dit, pour comprendre ce qui arrive à un trou noir, on ne peut pas y penser comme à un cône stationnaire avec la singularité *au centre*. Il faut y penser comme à un long tube avec l'étoile qui l'a engendré au fond : le tube s'allonge et se resserre et, *dans le futur*, s'écrase en une seule ligne. La singularité n'est pas *au centre* : elle est *après*. C'est la clé du mystère.

En tombant dans le trou noir, c'est là que nous finirons. *C'est le lieu le plus bas et le plus obscur, et le plus loin du ciel qui enclôt toutes choses* :

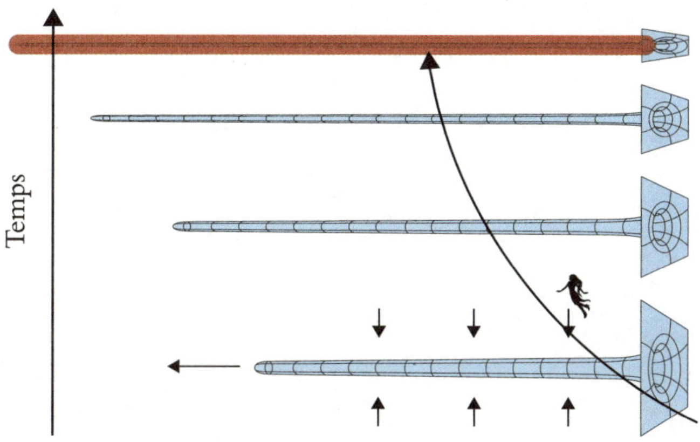

C'est là que se trouve la région quantique. Que se passe-t-il maintenant ?

Les équations d'Einstein, notre guide, les équations les plus belles de la physique, qui ont accompagné toute ma vie de scientifique, ne suffisent plus. Maintenant, nous n'avons plus de guide. *Mais Virgile nous avait laissés privés de lui, Virgile mon très doux père, Virgile à qui je m'étais donné pour mon salut.*

Et maintenant ? C'est de cela que nous parlions, Hal et moi, cet après-midi-là, à Marseille.

7

Comment fait-on quand nos maîtres ne suffisent plus ? C'est peut-être encore plus beau de naviguer par une nuit sans étoiles, mais comment apprendre quelque chose de nouveau, quelque chose que nous ne savons pas déjà ?

Pour apprendre quelque chose de nouveau, on peut, par exemple, aller voir par soi-même. Aller au-delà de la colline. C'est pour cela que les jeunes partent et voyagent. Ou bien quelqu'un peut aller voir pour nous. Et ce qu'il apprend, nous l'apprenons par un récit, une leçon à l'école, une page Wikipédia, un livre. Aristote et Théophraste partent ensemble sur l'île de Lesbos pour observer les poissons, les mollusques, les oiseaux, les animaux et les plantes, ils écrivent tout dans des livres, et ils ouvrent la voie à la biologie.

Pour voir encore plus loin, il y a les instruments. Galilée lève sa lunette vers le ciel et voit tant de choses que nous, humains, n'aurions pu imaginer : il ouvre nos yeux au monde de l'astronomie. Les physiciens analysent les spectres lumineux, recueillent des données sur les atomes et poussent les portes du monde quantique. Au point de départ de tant de nouveaux savoirs se trouve une observation précise, minutieuse. Mais nous ne pouvons ni visiter ni observer le fond d'un trou noir, puisque aucune lumière ne s'en échappe…

Si nous ne pouvons pas voyager avec le corps, nous pouvons voyager avec l'esprit. *Imaginer* de changer de perspective, pour voir les choses différemment.

Anaximandre, le premier personnage dans la liste du chapitre 4, était connu dans le monde antique pour avoir été le premier à dessiner une carte géographique. Une carte géographique est l'image d'un vaste territoire tel qu'il nous apparaîtrait si nous volions plus haut que les aigles. En plusieurs millénaires de civilisation, de voyages et de commerce, personne n'y avait encore pensé. Ce n'était pas un saut facile : nous avons l'habitude de voir la Terre de près : qui l'avait déjà vue de si haut ? Se prendre pour un aigle, se demander ce qu'on verrait depuis le ciel : c'est cela, changer de perspective. Anaximandre eut assez d'imagination pour se demander à quoi ressemblerait la

Terre vue d'en haut, de très haut. C'est ainsi qu'il est devenu le premier à pressentir comment Armstrong et Aldrin verraient la Terre depuis la Lune.

Hipparque fut le plus grand astronome de l'Antiquité. L'un de ses résultats démontre délicieusement l'efficacité du voyage par la pensée. C'est le calcul de la distance entre la Terre et la Lune. La figure ci-dessous résume l'idée principale. (Le dessin n'est pas à l'échelle : le Soleil est beaucoup plus gros et beaucoup plus loin.)

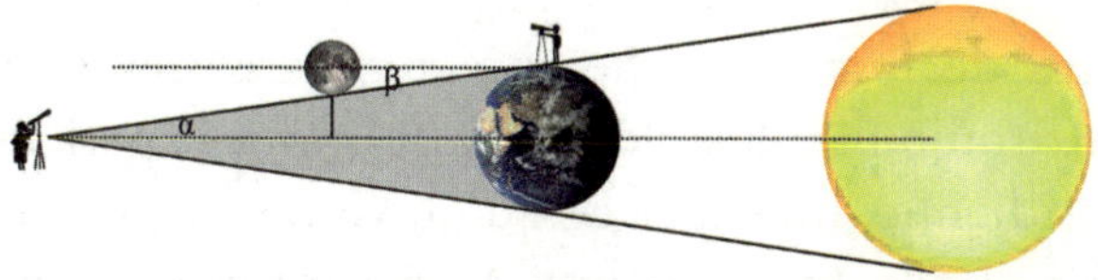

Hipparque imagine voler jusqu'à la pointe du cône d'ombre de la Terre. Vue de là, la Terre recouvre parfaitement le Soleil. Donc l'angle α est la moitié de l'angle formé par le Soleil. L'angle β est la moitié de l'angle formé par la Lune. Le Soleil et la Lune ont la même taille dans le ciel, donc α = β. La géométrie d'Euclide nous dit alors que les deux lignes pointillées sont parallèles, et le dessin montre que le rayon de la Lune plus le rayon de l'ombre (où se trouve la Lune) forment un segment égal au rayon de la Terre. L'observation d'une éclipse montre que le rayon du disque de l'ombre vaut 2 fois et demie le rayon de la Lune, donc le rayon de la Terre vaut 3 fois et demie le rayon de la Lune. Une pièce de monnaie recouvre la Lune si nous la tenons à 110 centimètres de notre œil (essayez !), donc la distance de la Lune est 110 fois plus grande que son rayon. Donc la distance de la Lune est 110 divisé par 3 et demi, soit environ 30 fois le diamètre de la Terre. Exact ! Génial. Tout cela sur la base d'observations simples que n'importe qui peut faire à l'œil nu dans son jardin !

La première étape de l'élégant raisonnement géométrique d'Hipparque est la suivante : que verrais-je si je me positionnais à la pointe du cône d'ombre de la Terre ? S'imaginer là-bas, à des milliers de kilomètres de la Terre, dans l'espace interplanétaire, se retourner et regarder la Terre recouvrir le Soleil… voir avec l'esprit.

Copernic imagine le système solaire comme il le verrait s'il se tenait debout sur le Soleil. Képler vole sur le balai de sa mère. Einstein se demande ce qu'il verrait en chevauchant un rayon de lumière… Se projeter dans des situations toujours plus éloignées de notre expérience quotidienne, imaginer ce qu'on verrait depuis une autre perspective… penser à un trou noir comme nous le verrions en y pénétrant.

*

Mais comment fait-on pour « aller voir » avec les yeux de l'esprit ? Anaximandre n'a *pas* volé avec les aigles, Képler n'a *pas* volé dans l'espace avec sa mère, et Einstein n'a *pas* chevauché un rayon de lumière… Comment aller voir là où nous ne pouvons pas aller ?

Je pense que la réponse est dans la recherche d'un équilibre délicat. L'équilibre entre ce que nous emmenons avec nous, et ce que nous laissons derrière nous. Ce que nous emmenons nous permet de savoir à quoi nous attendre. Pour entrer dans le trou noir, nous nous sommes servi des équations d'Einstein, qui en prédisent la géométrie. Einstein se servait des équations de Maxwell. Képler du livre de Copernic. Telles sont les cartes, les règles, les structures auxquelles nous faisons confiance, parce que jusqu'ici elles ont bien fonctionné.

Et en même temps, nous savons que quelque chose doit rester à la maison. Anaximandre laisse derrière lui l'idée que tous les objets tombent parallèlement, Einstein laisse derrière lui l'idée que toutes les horloges battent la même mesure... Si nous laissons trop de choses derrière nous, nous n'avons pas les instruments pour avancer, mais si nous en emportons trop, nous ne trouverons pas les brèches... Je ne crois pas qu'il y ait de recette : on essaie et on fait des erreurs. *On essaie, encore et toujours**. C'est ainsi que nous procédons. *La longue étude et le grand amour.*

Nous combinons et recombinons les pièces du puzzle de notre connaissance, de mille et une

* Le *Provando e riprovando* de Dante est aujourd'hui traduit par : « On essaie, encore et toujours ». Mais dans l'italien du XIVe siècle, cela signifiait plutôt « par démonstrations et réfutations ». La langue change avec l'épistémologie.

manières, en cherchant la combinaison qui clarifiera quelque chose. Si elles nous gênent, nous laissons de côté des pièces qui auparavant nous semblaient essentielles. Nous nous y risquons, prudemment. Nous explorons les frontières de notre savoir. Nous nous familiarisons avec elles, nous les examinons, en long, en large et en travers, en cherchant une ouverture. Nous essayons de nouveaux concepts, de nouvelles combinaisons.

Les nouveaux concepts sont issus des vieux concepts, adaptés, modifiés. Nous ne pensons jamais que par analogie. Les « forces » de Newton proviennent de l'expérience quotidienne de la poussée. Les « champs » électrique et magnétique de Faraday, appliqués à l'espace, sont empruntés aux paysans. Einstein a compris que le temps s'écoule parfois lentement et parfois rapidement, mais ne l'avons-nous pas toujours su ?

L'Occident a su mettre à profit la créativité de la pensée analogique pour construire des concepts nouveaux à chaque nouvelle génération et, finalement, laisser en héritage à toute l'humanité cette merveille qu'est la pensée scientifique. Mais c'est l'Orient qui a reconnu le premier, et avec le plus de clarté, que la pensée croît par analogie. La logique d'argumentation fondée sur l'analogie est déjà analysée par l'école moïste. Elle est implicite dans l'un des plus grands livres de l'histoire de l'humanité, ce texte extraordinaire qu'est le *Zhuangzi*. La pensée scientifique fait bon usage de la rigidité logique et mathématique, mais cette rigidité n'est que l'une des deux jambes qui l'ont conduite au succès : l'autre, c'est la créativité libérée du fardeau des habitudes, et *celle-là* se nourrit d'analogie et de combinaisons.

Un champ électromagnétique n'est pas un champ de blé ; la dilatation du temps d'Einstein n'est pas due à l'ennui ; dans la force de gravité, personne n'est là pour tirer et pousser ; mais les analogies sont évidentes. Une analogie consiste à prendre un aspect d'un concept, à le réutiliser dans un autre contexte en préservant en partie son sens, si bien que la nouvelle combinaison produit un sens nouveau et efficace. C'est ainsi qu'avance la science à son meilleur.

C'est aussi ainsi, je crois, qu'avance l'art à son meilleur. La science et l'art ont tous deux à voir avec la réorganisation permanente de notre espace conceptuel, ce que nous appelons le sens. L'art ne réside pas dans l'objet artistique, et encore moins dans quelque mystérieux monde spirituel : il réside dans la complexité de notre cerveau, dans le kaléidoscope des relations analogiques par lesquelles nos neurones réagissent à l'objet, tissant cette toile qu'on appelle le sens. La science nous donne la même joie. Vermeer nous fait voir une résonance de la lumière que nous n'avions pas encore su saisir ; un fragment de Sappho (*doux amer Éros*) ouvre une nouvelle vue sur le désir ; un vide noir d'Anish Kapoor nous désoriente de la même manière que les trous noirs de la relativité générale : comme eux, il suggère qu'il est possible d'appréhender autrement la toile intangible de la réalité…

On peut penser qu'observer et comprendre sont deux choses bien différentes. Beaucoup de grandes avancées ont été faites uniquement par la force de la pensée, sans aucune observation *nouvelle* : Copernic et Einstein, deux géants de la science, ont obtenu leurs résultats exceptionnels en s'appuyant sur des observations bien connues en leurs temps. Dans le cas de Copernic, depuis plus d'un millénaire. Il est possible de faire du neuf à partir du vieux, en partant des petits détails qui clochent. *Le chaînon qui ne tient pas**. *Le calcul des dés qui ne revient plus. (La brèche est-elle ici ?). Le fil à démêler qui nous met sur le chemin d'une vérité*** – Les indices qui suggèrent comment repenser.

---

* NDT : L'auteur cite ici implicitement le poème *I limoni* (*Les Citrons*), d'Eugenio Montale.

** NDT : L'auteur cite ici implicitement le poème *La casa dei doganieri* (*La Maison des garde-côtes*) d'Eugenio Montale.

C'est notre capacité à réorganiser notre mode de pensée qui nous permet de faire des bonds en avant. Pensez à ce qu'a fait Copernic. Avant lui, le monde était constitué de deux grandes familles d'objets : les objets terrestres (montagnes, personnes, gouttes de pluie) et les objets célestes (les astres, comme le Soleil, la Lune et les étoiles). Les objets terrestres tombent, les objets célestes tournent. Les objets terrestres sont éphémères, les objets célestes éternels. Cette distinction est tellement évidente qu'il faut un courage forcené pour oser proposer une autre façon d'organiser le monde. C'est ce qu'a fait Copernic. Son cosmos se divise autrement. Le Soleil forme une catégorie à part entière. Les planètes, toutes les planètes, sont une autre catégorie ; la Terre n'est qu'une de ces planètes, avec tout ce qu'elle contient, et donc les montagnes, les personnes et les gouttes de pluie font partie de la même catégorie que ces points dans le ciel que sont Vénus et Mars... Et la Lune... eh bien, la Lune sera dans une autre catégorie, toute seule... la pauvre*. Tout tourne autour du Soleil, mais la Lune tourne autour de la Terre : une subversion du raisonnable. Une formidable subversion.

---

* Il faudra attendre Galilée et son télescope pour que la Lune puisse sortir de sa solitude et trouver des sœurs : les lunes de Jupiter.

Bouleverser l'ordre des choses n'est pas facile, mais c'est ce que fait la science à son meilleur. Notre structure conceptuelle n'est pas définitive, et ce n'est pas la seule possible : c'est celle que l'évolution nous a donnée pour nous orienter dans nos affaires quotidiennes. Il n'y a aucune raison qu'elle fonctionne au-delà de cet horizon. Diviser le monde en objets terrestres et célestes suffit pour la vie de tous les jours, mais pas pour comprendre le cosmos et notre place dans l'univers.

Comment reconceptualiser la réalité pour traverser la singularité dans le futur d'un trou noir prédite par les équations d'Einstein ? Qu'y a-t-il de l'autre côté de la singularité ? Qu'y a-t-il de l'autre côté du miroir d'Alice ?

Que devons-nous laisser à la maison, et que devons-nous emporter dans nos valises, afin d'être assez légers pour traverser le miroir et passer de l'autre côté de la fin du temps prévue par la relativité générale ?

DEUXIÈME PARTIE

1

Nous voici arrivés à ce jour d'été où, après des mois de tentatives, d'erreurs, de fausses pistes et d'idées abandonnées, Hal propose, dans mon bureau, de renverser le temps et de coller deux espaces-temps avec un effet tunnel. Que voulait-il dire ?

Il imaginait ce qui pourrait se trouver *au-delà* de la singularité.

Son idée s'appuyait sur la plus simple des analogies. La formation d'un trou noir est une chute : une étoile qui a fini de brûler *tombe* sur elle-même ; un objet qui pénètre dans un trou noir *tombe* ; l'espace lui-même, le long tube des dessins plus haut, s'écrase en *tombant* sur lui-même.

Que font les objets quand ils tombent ? Ils arrivent au fond, et… *ils rebondissent.* Si je laisse tomber un ballon de basket sur le sol, il rebondit.

Comment se déplace le ballon après son rebond ? Pensez-y un moment : il se déplace comme si le film de sa chute était joué à l'envers, en remontant le temps. Un ballon qui rebondit est comme un ballon qui tombe, vu en commençant par la fin.

Nous avons vu que la région singulière du trou noir n'est pas « au centre » : elle se situe à la fin de la chute. Au moment où le trou noir arrive au fond de sa chute, dans la région rouge de la dernière figure, ne pourrait-il pas tout simplement rebondir, comme un ballon, comme si le temps s'écoulait à l'envers[1] ? La trajectoire de chute était un trou noir : que vois-je si je filme la vie d'un trou noir et projette le film à l'envers ?

Je vois un trou blanc.

2

Qu'est-ce donc qu'un trou blanc ?

Aujourd'hui nous voyons beaucoup de trous noirs dans le ciel, mais, comme je l'ai raconté, nous les connaissions déjà avant de les voir : nous savions comment ils étaient faits grâce aux équations de la relativité générale. Beaucoup (dont mon directeur de département à Marseille) doutaient de leur existence – ils semblaient trop exotiques –, mais les théoriciens les connaissaient bien, comme solutions des équations d'Einstein.

Un trou blanc, c'est la même chose : une solution des équations d'Einstein. C'est pour cela qu'eux aussi, nous les connaissons bien.

Un trou blanc n'est même pas une *autre* solution des équations d'Einstein : c'est la *même* solution que celle qui décrit un trou noir, mais écrite avec le sens du temps renversé. La même solution, vue comme si elle était jouée en sens inverse. Un trou blanc est la façon dont nous apparaîtrait un trou noir si nous pouvions le filmer et projeter le film à l'envers.

Comme toutes les équations de la physique fondamentale, les équations d'Einstein sont invariantes par renversement du temps, elles ne distinguent pas le passé du futur : elles nous disent que, si un processus est possible, le processus inverse est également possible[2].

Si, une fois arrivé au bout de sa chute, un trou noir rebondit et reparcourt sa propre histoire en remontant le cours du temps, alors… il s'est transformé en trou blanc.

Voici le dessin de la suite de l'évolution de l'espace à l'intérieur du trou noir :

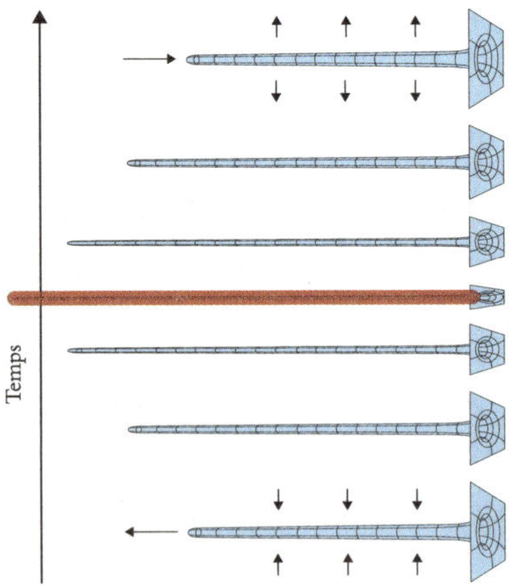

Quand il pénètre dans la région quantique (en rouge), le tube cesse de s'allonger et de se contracter, et il rebondit : il repart en marche arrière, en commençant à se raccourcir et à s'épaissir.

Dans un trou noir, on peut entrer, mais pas sortir. D'un trou blanc, au contraire, on peut sortir, mais pas entrer. (Si je filme des objets qui *entrent* dans le trou noir et que je joue le film à l'envers, je vois des objets qui *sortent* du trou noir.) Tout ce qui est entré dans le trou noir peut traverser la zone rouge, pénétrer dans le trou blanc, et ressortir.

Simple, non ?

*

Mais est-il possible que ce soit vraiment ce qui se produit ? Pour passer de noir à blanc, l'espace et le temps doivent traverser la région rouge de la figure. À cet endroit, ils doivent violer les équations d'Einstein. Juste un court instant, peut-être, uniquement au moment du rebond, mais ils doivent les violer.

Que les équations d'Einstein soient violées, nous nous y attendions : nous nous attendions à ce que les effets quantiques entrent en jeu avant la formation de la singularité. Mais ceux-ci peuvent-ils provoquer un tel rebond ?

Les physiciens connaissent bien la physique quantique des atomes, des électrons, de la lumière, des lasers… mais on parle ici de la physique quantique de l'espace et du temps.

C'est pour *cette raison* que les trous noirs et blancs m'intéressent tant. J'ai passé ma vie à essayer de comprendre les aspects quantiques de l'espace et du temps. À construire la structure conceptuelle nécessaire pour nous orienter quand l'espace et le temps sont quantiques. C'est mon grand amour. *Je reconnais les signes de l'ancienne flamme**. Au fond du trou noir, je la vois scintiller.

L'essentiel de mon travail en physique théorique a été de participer à construire une structure mathématique pour décrire l'espace et le temps quantiques : cette structure mathématique, nous l'appelons gravité quantique *à boucles*. Pour comprendre ce qu'il se passe dans les régions d'un trou noir où dominent les propriétés quantiques de l'espace et du temps, où l'espace et le temps

* Ce sont les mots de Dante quand Béatrice s'approche, à la moitié de son voyage.

continus de notre intuition ne fonctionnent plus, nous avons besoin de cette théorie. On verra bien si elle fonctionne. *C'est ici que ta noblesse apparaîtra.*

3

Que veut dire « comportement quantique* » ? La propriété quantique la plus simple est la granularité. À petite échelle, tous les processus se manifestent de façon granulaire : la lumière à basse intensité se manifeste sous forme de « grains » de lumière : les photons.

Appliquée à l'espace, cette idée fondamentale implique qu'il existe des « grains élémentaires d'espace », de taille finie. Des quanta d'espace. Les objets ne peuvent pas être arbitrairement petits. Il existe une limite inférieure à la divisibilité. L'espace est une entité physique, et il est, comme tout le reste, granulaire[3]. La théorie d'Einstein et les mathématiques de la théorie quantique se combinent pour donner ce résultat.

---

* J'ai écrit un livre pour tenter de répondre au mieux à cette question : *Helgoland. Le sens de la mécanique quantique*, Paris, Flammarion, 2021.

Les mathématiques nécessaires pour obtenir ce résultat ont été développées il y a des années par Roger Penrose, le grand relativiste anglais qui a reçu le prix Nobel en 2020, alors que j'écrivais la première version de ces pages. Ces mathématiques aussi naissent d'une analogie simple : un réseau. Un réseau est un ensemble de nœuds connectés par des liens. Les nœuds sont les grains élémentaires d'espace. Les « quanta d'espace », comme les photons, sont les quanta de lumière. Mais, alors que les photons se déplacent *dans* l'espace, les quanta d'espace sont les fils qui tissent la toile de l'espace lui-même.

Les liens du réseau connectent les nœuds adjacents pour former une structure connexe, c'est-à-dire « spatiale ». Roger Penrose a appelé cette structure « réseau de spin ». Le mot *spin* vient des mathématiques de la symétrie de l'espace, où les rotations (*spin* en anglais) jouent un rôle particulier[4].

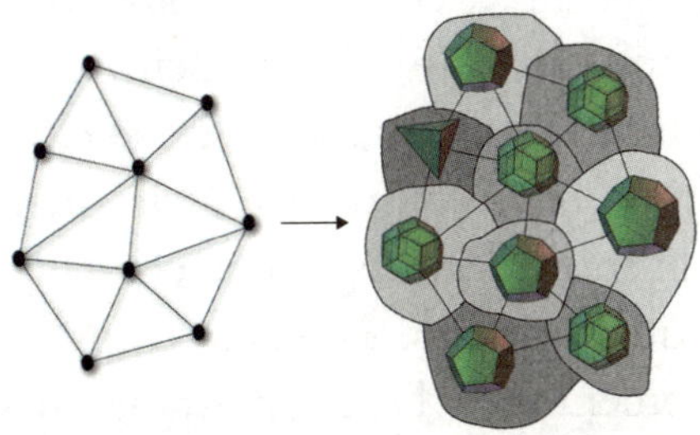

Une image intuitive d'un réseau de spin et des quanta d'espace qu'il représente.

Penrose avait rencontré Finkelstein, l'Américain qui avait compris comment fonctionnent les horizons et qui commentait les gravures de Dürer, en 1958. Finkelstein s'était rendu à Londres pour donner une conférence sur l'horizon des trous noirs, qu'il venait tout juste de déchiffrer. Penrose avait fini ses études à Oxford et était venu l'écouter. Après la conférence, les deux jeunes gens ont longuement discuté. Penrose avait déjà commencé à développer les rudiments de ce qui allait devenir les réseaux de spin, et pendant la conversation il présenta ses idées à Finkelstein.

De cette rencontre, les deux sont sortis changés. Penrose s'est passionné pour les trous noirs. Cette passion, acquise à l'occasion de la conférence de Finkelstein, l'a conduit dans les années suivantes à démontrer que le processus de formation des trous noirs est inévitable, et au prix Nobel de physique soixante ans plus tard. Finkelstein, quant à lui, s'est intéressé à la structure discrète de l'espace que Penrose avait commencé à dévoiler avec les réseaux de spin. Il a longtemps cherché une description quantique de l'espace-temps formée de quanta élémentaires. Dans un étrange revirement, les deux aventuriers, explorateurs du monde des idées, ont échangé leurs centres d'intérêt[5].

J'avais deux ans à l'époque de cette conversation. Trente-cinq ans plus tard, avec Lee Smolin, nous avons redécouvert les mathématiques des réseaux de spins, et l'espace granulaire qu'ils décrivent, en appliquant les techniques de la théorie quantique à la relativité générale et en combinant ainsi les deux univers de recherche que Penrose et Finkelstein avaient échangés trente ans plus tôt.

À l'époque, Lee me rendait souvent visite à Vérone, c'était en 1994. (Il ne venait pas seulement pour moi, je m'en suis rendu compte plus tard, il était aussi fasciné par l'une de mes amies véronaises…) Lorsque nous avons commencé à calculer les propriétés des quanta élémentaires d'espace, et que nous avons compris que nous redécouvrions les réseaux de spin de Penrose, Lee s'est rendu à Oxford pour que Penrose lui explique les détails de ces mathématiques. Depuis lors, Roger Penrose est resté pour nous comme un extraordinaire grand frère. Mais revenons aux trous noirs.

Si l'espace est granulaire, l'intérieur d'un trou noir ne peut pas s'effondrer et devenir plus petit que les grains d'espace eux-mêmes. La contraction qui écrase le tube à l'intérieur d'un trou noir doit donc s'arrêter, avant la singularité. Que se passe-t-il à ce moment-là ?

4

La deuxième propriété caractéristique des phénomènes quantiques est que les choses n'ont pas toujours des propriétés définies. Une particule n'a pas toujours une position. En général, elle n'en a pas. Elle a une position au moment où elle heurte une autre particule et arrive sur un écran, mais, entre deux collisions, entre son émission et son impact sur un écran, la particule n'a pas de position définie : elle saute. On peut penser qu'elle s'étale comme une vague. Pour ne se recentrer que lorsqu'elle heurte quelque chose.

Une conséquence de cet aspect ondulatoire de la réalité est le phénomène appelé « effet tunnel ». L'effet tunnel est la capacité des objets à passer à travers des barrières a priori impénétrables. Imaginez que vous lanciez une bille contre un mur. Si l'on en croit la physique classique, ou le bon sens, elle ne peut pas passer à travers. En réalité, la bille a une chance (peut-être infime) de passer de l'autre côté. C'est l'effet tunnel. Il est appelé ainsi parce que c'est comme si la bille avait une probabilité de trouver un « tunnel » (imaginaire) lui permettant de passer à travers n'importe quelle barrière.

Et c'est la première idée de Hal : l'intérieur du trou noir peut traverser la zone interdite par les équations d'Einstein, la zone rouge sur les figures ci-dessous, et passer, par effet tunnel, « de l'autre côté ».

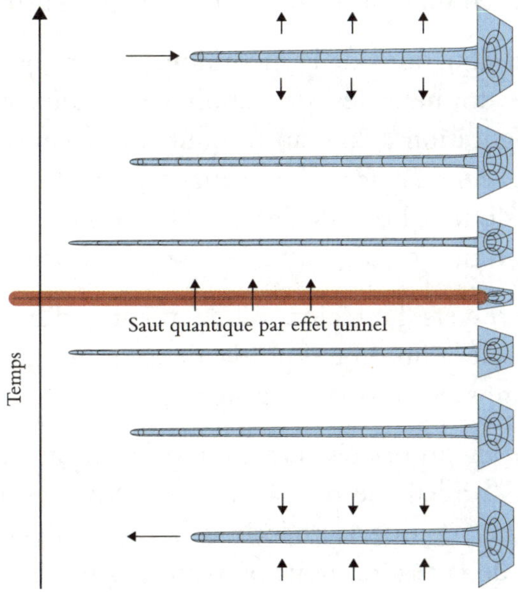

Les propriétés quantiques de l'espace et du temps permettent ainsi à l'intérieur du trou noir de « sauter » au-delà de la singularité, alors que les équations classiques feraient arrêter le temps. Ici, ce n'est pas une particule qui saute : c'est l'espace-temps lui-même. Le saut de l'espace-temps n'est pas un phénomène qui se produit dans l'espace et le temps. C'est un phénomène qui n'est ni spatial ni temporel : c'est une transition quantique d'une configuration de l'espace à une autre. La théorie de la gravité quantique à boucles décrit des transitions quantiques de ce type : des sauts d'une configuration de l'espace à une autre.

Les équations de la mécanique quantique ordinaire donnent les probabilités de sauts d'une configuration à une autre pour un système physique *dans l'espace*. Les équations de la gravité quantique à boucles donnent les probabilités de sauts d'une configuration *de l'espace à une autre*.

À travers la région où la théorie d'Einstein prédisait la fin du temps, pendant un bref instant, le temps et l'espace n'existent plus.

Ici les propriétés quantiques de l'espace et du temps brillent de tous leurs feux. Nous pouvons traverser ce que la théorie d'Einstein appelait le bord de la réalité, nous pouvons passer de l'autre côté. Et ce sont les équations de la gravité quantique à boucles qui nous permettent de calculer la probabilité que cela se produise.

*

Nous y sommes. C'est la clé de voûte de ce problème scientifique, de la vie des trous noirs, et de ce livre : le saut au-delà de la fin des temps prédite par la relativité générale peut se produire : il est prévu par la théorie quantique, qui en détermine les caractéristiques quantitatives exactes. Il s'agit d'un véritable saut, comme tous les sauts quantiques : une rupture de continuité. Une rupture momentanée dans le continuum d'espace-temps. Et malgré tout, ce saut est saisi et décrit par nos équations. Les équations de la gravité quantique décrivent un monde plus riche qu'un simple continuum d'espace-temps.

Après avoir gravi la montagne du Purgatoire, Dante perd Virgile mais, au même moment, submergé par l'émotion, il voit apparaître Béatrice – *Je reconnais les signes de l'ancienne flamme*.

Dans un éblouissant jeu de regards entre les yeux de Béatrice, le Soleil et ses propres yeux, Dante s'avance au-delà de la fin de l'univers. Béatrice regarde le Soleil, Dante regarde les yeux de Béatrice, et, suivant son regard, lui aussi regarde le Soleil. *Beaucoup est permis là, qui ne l'est pas ici*. Dante est envahi par la lumière… *Soudain le jour sembla s'être ajouté au jour*, et il se perd de nouveau dans les yeux de Béatrice…

Béatrice était toute avec ses yeux fixée dans les roues éternelles, et moi en elle je fixai mes regards, détachés de plus haut…

Il n'y a rien, dans le saut, qu'un lac de lumière…

alors m'apparut tant de ciel enflammé par le soleil, que pluie ou fleuve ne firent jamais lac aussi étendu.

… et il s'envole par-delà l'espace et le temps.

5

Reprenons l'image de la transition du trou noir au trou blanc, avec quelques détails supplémentaires.

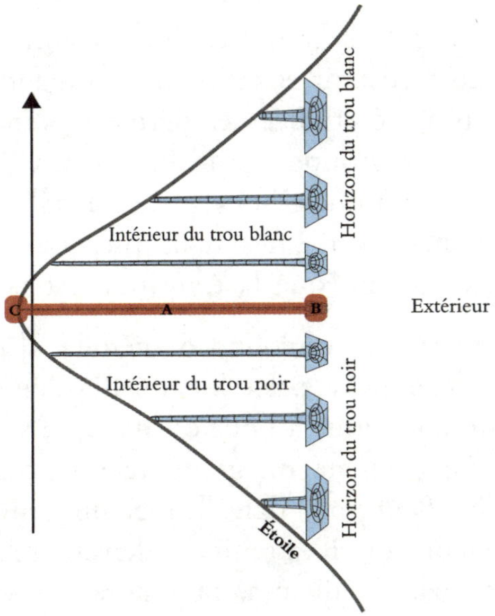

J'ai ajouté le trajet de l'étoile, qui forme le trou noir autour d'elle, rebondit et finit par sortir du trou blanc. L'étoile est toujours au fond du long entonnoir. J'ai aussi ajouté, à droite de la figure, l'extérieur du trou noir et du trou blanc.

La zone de transition quantique est la zone rouge. Le reste doit être conforme à la théorie d'Einstein.

J'ai divisé la zone de transition quantique en trois parties, que j'ai notées *A*, *B* et *C*, parce que c'est ainsi qu'elles sont appelées (dans le désordre, qui plus est), dans les articles techniques.

La zone *A* est la transition interne entre la géométrie du trou noir et celle du trou blanc. Cette transition a été étudiée ces dernières années par de nombreux groupes de recherche, en utilisant la gravité quantique à boucles. Les détails ne sont pas toujours les mêmes mais presque tous les travaux indiquent que la transition est possible.

La zone *C* est le rebond de l'étoile. Il est très similaire à ce qui se passe lors du Big Bang, selon la gravité quantique à boucles. Il est possible que le Big Bang ait été un grand rebond cosmique (un « *Big Bounce* »), dans lequel un univers en compression aurait atteint la densité maximale autorisée par les quanta, puis aurait rebondi et commencé à s'étendre. Dans un trou noir, ce n'est pas l'univers entier qui rebondit, seulement l'étoile, mais la physique est similaire : à très haute densité, les quanta sont discrets et génèrent une pression qui empêche toute compression supplémentaire et provoque le rebond. Dans les deux cas, une pression due à un phénomène de gravité quantique transforme un effondrement en rebond.

Au moment de compression maximale, l'étoile extrêmement dense est appelée « étoile de Planck[6] », car elle a atteint l'échelle de la gravité quantique, l'échelle de Planck[7]. Par extension, « étoile de Planck » est aussi le nom donné à l'ensemble du phénomène : l'étoile qui s'enfonce dans le trou noir, le rebond, le trou blanc, jusqu'à ce que tout ressorte.

La zone la plus difficile à traiter mathématiquement est la zone *B*, le saut quantique de l'horizon du noir au blanc. Les calculs de cette transition sont en cours. Ils sont basés sur la version de la théorie des boucles appelée « covariante », ou, de manière plus imagée, « mousse de spin » (*spinfoam*)...

je relis ces lignes pour la énième révision. je suis à vérone, sur la place qui porte le nom du poète. devant moi, sa statue austère. je suis assis sur les marches de la loggia de fra'giocondo. c'est ici que j'ai aperçu mon premier amour pour la première fois.

pour moi, c'est ma ville natale, où je reviens quand je peux, entre mes (heureux) exils à travers le monde. pour lui, vérone fut le lieu d'un exil douloureux, où il apprit *le goût salé du pain des autres* (à vérone le pain est salé, pas fade comme à florence), et la difficulté *de la descente et de la montée des escaliers d'autrui*. devant moi, je vois le palais de la raison, avec une très longue volée de marches. le palais de la raison était déjà là, mais l'escalier, je ne crois pas. en tout cas, il est certainement venu ici souvent, il y a sept cents ans. c'est ici qu'il a écrit le paradis. sur cette place, il a dû s'asseoir et relire ses brouillons...

tout près, dans la petite église de sant'elena, à côté du cloître de la cathédrale où j'avais l'habitude d'embrasser furtivement les jeunes filles, jusqu'à ce qu'un prêtre nous attrape, scandalisé, et où se trouve une bibliothèque qui est peut-être la plus ancienne du monde – j'y ai vu des parchemins du IIIe siècle et des codex du Ve –, il a donné une conférence, le *quaestio de aqua et terra*, dans laquelle il se demande pourquoi il y a des terres émergées, si le lieu naturel de la terre est plus bas que celui de l'eau. c'est une bonne question. on dit qu'il l'a fait pour obtenir un poste d'enseignant au « studio », l'école de vérone qui devenait une université renommée. qui sait si c'est vrai. quoi qu'il en soit, il n'obtint pas le poste. il ne fut pas jugé assez qualifié... peut-être ne faisait-il pas partie du « milieu », lui qui chantait l'univers tout entier.

Je m'égare. Revenons au passage du trou noir au trou blanc. Nous avons compris l'étoile, l'intérieur, et l'horizon.

Mais il manque encore quelque chose. Une question essentielle : si tout cela se passe *à l'intérieur* du trou noir, que se passe-t-il *à l'extérieur* ? Si rien de quantique ne se passe à l'extérieur, comment l'extérieur du trou noir peut-il devenir l'extérieur d'un trou blanc ?

Pour répondre à cette question et saisir l'intuition de Hal ce jour-là, il nous faut comprendre un peu mieux ce qu'est un trou blanc.

Attendez-vous à des surprises.

6

Qu'est-ce qui distingue l'extérieur d'un trou blanc de l'extérieur d'un trou noir ? Si je suis à l'extérieur, comment puis-je distinguer un trou noir d'un trou blanc ?

La réponse est : je ne peux pas. De l'extérieur, rien ne distingue un trou blanc d'un trou noir.

Un trou noir attire, comme toute masse ; un trou blanc aussi. Autour d'un trou noir, il peut y avoir des planètes en orbite ; de même autour d'un trou blanc. Et ainsi de suite. Vous pouvez tomber *vers* un trou noir ; vous pouvez tomber *vers* un trou blanc.

Cela prête à confusion. Un trou blanc est comme un trou noir inversé, mais cela ne signifie pas que l'attraction de la gravité devienne une répulsion. En inversant la direction du temps, l'attraction de la gravité ne devient pas une répulsion[8]. J'insiste : vus de l'extérieur, un trou noir et un trou blanc se comportent exactement de la même manière : ce sont tous deux des masses qui attirent les objets par la force de gravité.

*

Mais comment est-ce possible ? Ils semblent tellement différents : dans un trou noir, on ne peut qu'entrer, d'un trou blanc, on ne peut que sortir. Et pourtant ils seraient indiscernables ? Cela semble être une contradiction.

Ce n'en est pas une. Et c'est ici que brille l'extraordinaire magie architectonique de la relativité générale. C'est un point délicat et magnifique. Essayez de me suivre. Si vous vous perdez dans les paragraphes suivants, ne vous inquiétez pas, ce n'est pas grave (beaucoup de gens se perdent). Mais si vous parvenez à me suivre, vous verrez à quel point la relativité du temps est fabuleuse.

Donc : d'un trou blanc vous pouvez sortir. Je peux voir une pierre *s'éloigner librement* d'un trou blanc. Puis-je voir une pierre s'éloigner d'un trou noir ? À première vue, cela semble impossible : comment la pierre peut-elle s'éloigner *librement* d'un trou noir, si elle ne peut pas *s'en échapper* ?

Et pourtant, c'est possible : si, depuis l'étoile qui s'effondre, quelqu'un lance la pierre très fort juste avant qu'elle ne traverse l'horizon, la pierre s'envolera ; mais, vue de loin, la première partie de son vol se déroulera très lentement, car tout ce qui est proche de l'horizon se déroule très lentement ; la pierre ne s'éloignera du trou noir qu'après un long moment. Rien n'empêche donc de voir une pierre s'éloigner d'un trou noir, comme rien n'empêche une pierre de s'éloigner d'un trou blanc[9].

Le même argument s'applique en sens inverse : imaginons une pierre qui tombe vers un trou noir. Elle traversera rapidement l'horizon. Une pierre tombant vers un trou blanc ne peut pas traverser l'horizon, car on ne peut pas entrer dans l'horizon d'un trou blanc. Cela semble signifier que, de l'extérieur, on peut facilement distinguer un trou noir d'un trou blanc. Il suffit de regarder une pierre qui tombe. Mais ce n'est pas le cas. Rappelez-vous. De l'extérieur, on ne voit jamais une pierre *traverser* l'horizon du trou noir, car la lumière met toujours plus de temps à s'en éloigner ! On la voit *s'approcher* de plus en plus de l'horizon, sans jamais la voir le traverser. Que voit-on quand une pierre tombe vers un trou blanc ? La même chose que pour un trou noir ! On la voit se rapprocher de plus en plus de l'horizon, sans jamais y entrer. Qu'arrive-t-il *à la pierre* qui tombe vers le trou blanc ? Très vite, elle atteint la matière qui sort du trou blanc. En combien de temps ? En un temps qui peut être très long vu de l'extérieur (le temps ralentit près de l'horizon), mais très court pour la pierre... magie de l'élasticité du temps... les horizons noirs et blancs sont différents mais, vus de l'extérieur, tout est exactement pareil.

Les horizons distinguent le blanc du noir, le futur du passé, mais pas l'extérieur.

Le titre de l'article de 1958 dans lequel David Finkelstein avait exposé ce qui se passe à l'horizon était « La dissymétrie entre le passé et le futur, dans le champ gravitationnel »... Il donne l'idée clé : la géométrie de l'*extérieur* du trou noir ne change *pas* à cause de l'inversion du temps, mais cette symétrie est brisée à l'horizon : l'horizon n'est pas invariant par renversement du temps. C'est pourquoi le même extérieur est compatible avec un trou noir tout autant qu'avec un trou blanc, bien que leurs horizons soient opposés.

Tout cela est un peu fou, mais la nature est ainsi faite. Malgré leur différence *à l'intérieur*, le tour de passe-passe de la relativité du temps permet à un trou blanc et à un trou noir d'être identiques *à l'extérieur*.

C'est *cela*, l'observation cruciale que fit Hal ce jour-là.

*

Pourquoi cruciale ? Parce que c'est cette observation qui rend possible le scénario illustré par la dernière figure. La magie est là : *à l'intérieur* l'espace évolue comme dans l'image, alors qu'*à l'extérieur*... rien ne se passe !

Le tunnel quantique ne se forme que dans les régions où l'espace-temps est très fortement déformé, ce qui est parfaitement compatible avec le fait qu'à l'extérieur, où nous ne sommes *pas* en régime quantique, tout continue à respecter la relativité générale, comme il se doit.

La solution des équations d'Einstein représentant le trou noir et celle représentant le trou blanc peuvent être *collées* l'une à l'autre à l'extérieur, sans remettre en question lesdites équations. La seule violation se produit là où nous l'attendons : là où les déformations sont si fortes qu'elles génèrent des effets quantiques.

Bingo ! Nous avons trouvé un scénario plausible pour décrire l'intérieur des trous noirs, après la fin du temps. Au-delà de la singularité, la solution, c'est le temps inversé : l'intérieur d'un trou blanc. Rien ne se passe à l'extérieur. Mais l'horizon noir, comme Gandalf, est devenu blanc.

7

Je me souviens de notre émotion ce jour-là, lorsque le scénario dont Hal avait eu l'intuition a commencé à se préciser. Nous connaissions les pièces du puzzle : l'effet tunnel, la solution des équations d'Einstein avec des trous blancs, la solution avec des trous noirs, l'existence d'une limite inférieure aux dimensions spatiales, le comportement étrange des trous noirs et des trous blancs, et la stupéfiante différence de temps pour ceux qui se trouvent à l'horizon et ceux qui en sont très éloignés. L'intuition que les objets qui tombent rebondissent, ce que font également les étoiles de Planck. Ce jour-là, les pièces du puzzle s'assemblaient.

Comme toujours dans les puzzles scientifiques, certaines pièces sont inutiles, et nous les jetons. Qu'arrive-t-il *exactement* à l'espace et au temps au moment du rebond ? La théorie quantique nous dit que ce qui se passe *pendant* le rebond n'existe pas, n'a pas de forme, de taille, de propriétés.

Nous pouvons nous en faire une idée approximative, imaginer que le tube ralentit progressivement sa contraction, inverse sa course et commence à se dilater. Mais la réalité est que, dans cette transition, l'espace et le temps se dissolvent dans un nuage de probabilités. La pièce du puzzle à jeter est l'idée que les événements de la nature peuvent toujours être pensés comme plongés dans l'espace et le temps.

*

de nombreuses questions restaient ouvertes, ce soir-là. nous devions faire des calculs précis : les analogies, c'est bien, mais il faut ensuite des déductions mathématiques, sans quoi le risque est de se bercer d'illusions. nous devions poser des équations décrivant précisément la géométrie de notre espace-temps. montrer qu'elles satisfaisaient les équations d'einstein partout, sauf au point de transition quantique. mettre en place le calcul de la probabilité du saut quantique.

c'est ce que nous avons fait pendant les quelques jours qui ont suivi. c'était joyeux et amusant. un travail de découpage et de couture : il s'agissait de s'assurer que les régions collaient bien ensemble. la complication venait du fait que chaque région était décrite en utilisant une perspective incomplète, ce qui était précisément le problème qui avait dérouté einstein et les autres dès le début, et que finkelstein avait finalement résolu. les techniques pour résoudre ce problème sont maintenant bien connues[10], nous les avons utilisées et tout a fonctionné. nous avons écrit un article détaillant les calculs, nous l'avons publié[11]. petit à petit, l'idée a fait son chemin.

l'hypothèse qu'un trou noir puisse devenir blanc était désormais entre les mains de quiconque voulait la faire grandir.

*

oui, nous étions très heureux ce soir-là. peu de choses sont aussi belles que le sentiment rare et fugace d'avoir eu une idée qui est peut-être bonne. une histoire qui a finalement un sens. une intuition sur la façon dont quelque chose que nous ne comprenions pas pourrait marcher. un bonheur subtil, sous la peau mais omniprésent, comme si, soudain, on se sentait bien dans le monde.

ce n'est peut-être rien d'autre que la satisfaction d'avoir bien fait son travail. la même chose que ce que je ressens après avoir réparé le portail du jardin. après avoir réussi à faire quelque chose que j'essayais de faire. faire de la science est une suite de déceptions, de choses qui ne fonctionnent pas, d'idées erronées, d'expériences qui échouent, de calculs qui ne tiennent pas la route. occasionnellement ponctuée de moments de joie intense.

ou peut-être qu'il y a autre chose. la joie d'avoir un peu assouvi ce désir de comprendre, d'aller voir. quoi qu'il en soit, oui, nous étions très heureux ce soir-là, hal et moi. heureux d'avoir mis le doigt sur une idée qui nous plaisait.

mais… mais cela ne veut pas dire que nous pensions détenir la vérité. la science est pleine de déceptions. une autre déception nous attendait-elle ? des années se sont écoulées depuis ce jour. l'idée de la transition des trous noirs aux trous blancs a grandi, a été étudiée par beaucoup de gens, sous différentes formes. nous en cherchons aujourd'hui des preuves dans le ciel. ce n'est pas pour autant que je suis convaincu, même maintenant, que nous avons la vérité en poche.

les scientifiques ont une relation étrange avec leurs idées : peut-être que personne n'est vraiment complètement honnête, pas même avec lui-même, au sujet de ce qu'il croit… nous devons être politiquement corrects, raisonnables, toujours admettre que nous pouvons avoir tort. mais au fond de nous, il y a toujours cette envie folle de clamer : « mais je vous assure, je suis sûr que c'est ça ! » on tombe amoureux de ses idées, on en est convaincu… on les défend bec et ongles. après tout, notre réputation scientifique, à laquelle nous tenons comme les enfants à la barbe à papa, en dépend… et pourtant… et pourtant, en même temps, au plus profond des émotions, le doute ne meurt jamais… la peur de se tromper, de se faire des illusions… *douce-amère est la science.*

Paul Dirac, le plus rationnel, le plus impassible, le plus cérébral, le plus autiste des scientifiques, a dit dans une conférence que la raison pour laquelle il est rare qu'un scientifique qui a obtenu un résultat important soit capable de faire le pas suivant est qu'il est le premier à douter de son propre résultat. Il raconte que lorsqu'il a trouvé l'équation qui porte maintenant son nom, l'une des équations les plus célèbres de la physique moderne, celle qui décrit le mouvement des électrons, il a immédiatement publié le calcul montrant qu'*en première approximation* l'équation donne le bon résultat pour les spectres atomiques.

Mais il n'a pas eu le courage de faire le calcul à un ordre plus élevé... de peur que le résultat ne soit incohérent et qu'il ne donne à voir à tout le monde que son équation était fausse.

est-ce que ça marchera ? je me le demande, en me promenant sous les arbres du bois derrière la maison. il m'arrive de penser que l'idée ne peut qu'être juste. vraiment : que peut-il arriver d'autre, si je tiens compte de tout ? je tourne et retourne les éléments dans ma tête et je ne vois pas où j'aurais pu me tromper. d'autres fois je souris de moi-même. je me dis : sais-tu combien d'idées fausses semblaient correctes à ceux qui travaillaient dessus...

avec ou sans doutes, avec nos espoirs et nos craintes, ce soir-là, nous étions heureux. une bonne journée. un pas en avant, je ne sais pas vers où. c'est aussi pour cela qu'on vit.

TROISIÈME PARTIE

1

Il n'aura échappé à personne que la clé de l'idée suggérée par Hal était le *temps* : un trou blanc est un trou noir *dont le temps est renversé.*

Mais le temps peut-il vraiment être renversé ? La plupart des phénomènes ne se produisent que dans un sens : en sens inverse, ils sont impossibles. Les verres cassés ne se réparent pas ; si un œuf tombe, il ne rebondit pas. Le passé et le futur sont différents.

Le récit de la vie d'un trou noir que j'ai fait jusqu'ici est trop simple : il néglige tout ce qui distingue le passé du futur. Pour compléter l'histoire, il faut également tenir compte des phénomènes qui ne peuvent *pas* être renversés dans le temps : les aspects « irréversibles » de la vie d'un trou noir.

Cela nous amène – une fois de plus – à la question du temps. Pourquoi le passé et le futur sont-ils si différents ? Pourquoi nous souvenons-nous du passé et pas du futur ? Pourquoi pouvons-nous décider de ce que nous ferons demain, mais pas de ce que nous avons fait hier ? Les réponses à ces questions, qui me fascinent et sur lesquelles j'ai continué à travailler ces dernières années, sont subtiles et touchent de près notre sujet.

Procédons dans l'ordre : nous commencerons par les aspects irréversibles de la vie d'un trou noir, puis je vous parlerai d'une amusante controverse en cours, sur laquelle les scientifiques se chamaillent, et enfin de certains éléments que je pense avoir compris sur le sens du temps, qui me semblent très beaux.

*

En 1974, Stephen Hawking fit une découverte inattendue : les trous noirs émettent de la chaleur[1]. Il s'agit là aussi d'un effet tunnel quantique, mais plus simple que le rebondissement des étoiles de Planck : ce sont des photons piégés à l'intérieur de l'horizon qui ne pourraient normalement pas sortir, mais qui sortent quand même par la clémence de la physique quantique. Les photons empruntent un « tunnel » sous l'horizon.

Un trou noir émet de la chaleur, comme un poêle chaud, à une température que Stephen a calculée. La chaleur rayonnée emporte de l'énergie. Le trou noir perd progressivement de l'énergie, et donc de la masse (la masse est de l'énergie) ; il devient de plus en plus léger, de plus en plus petit : l'horizon se rétrécit. Dans le jargon, on dit que le trou noir « s'évapore ».

L'émission de chaleur est le plus caractéristique des processus *irréversibles* : les processus qui seraient impossibles si l'on renversait le temps. Un poêle émet de la chaleur et réchauffe une pièce froide : avez-vous déjà vu les murs d'une pièce froide émettre de la chaleur et chauffer le poêle ? Dans les processus irréversibles il y a souvent de la chaleur qui se forme. En fait, à y regarder de plus près, chaque fois qu'il y a quelque chose d'irréversible, il y a de la chaleur, ou quelque chose d'analogue à la chaleur[2] : la chaleur est la marque de l'irréversibilité. C'est elle qui distingue le passé du futur*.

---

* J'en ai parlé longuement dans mon livre *L'Ordre du temps*, Paris, Flammarion, 2019.

Il y a donc au moins un aspect irréversible dans la vie d'un trou noir : le rétrécissement progressif de son horizon qui s'accompagne d'émission de chaleur[3].

Attention, le rétrécissement de l'horizon ne signifie pas que *l'intérieur* du trou noir devient petit. L'intérieur reste grand : seule l'ouverture rétrécit. Il s'agit d'un point subtil qui en déroute plus d'un. Le rayonnement de Hawking est un phénomène qui affecte principalement l'horizon, et non l'intérieur profond du trou noir. Un trou noir très ancien présente donc une géométrie curieuse : un intérieur très grand (il a continué à s'allonger) entouré par un horizon minuscule (car il s'est évaporé).

Un vieux trou noir est comme une bouteille entre les mains d'un maître verrier de Murano, qui parvient à faire croître le volume de la bouteille alors que son col devient de plus en plus étroit.

Au moment du rebond du noir au blanc, le trou noir a un horizon minuscule, mais un énorme volume interne. Un minuscule coquillage renferme un vaste palais, comme dans les contes de fées.

2

Dans les contes de fées, on rencontre de petites cabanes où se cachent des espaces immenses. Cela nous semble impossible, c'est du domaine des contes de fées. Mais nous avons tort : c'est possible dans la réalité.

La raison pour laquelle cela nous semble étrange est que nous sommes habitués à l'idée que la géométrie de l'espace est celle que nous étudions à l'école, la géométrie d'Euclide. Mais la géométrie d'Euclide n'est pas la géométrie du monde : l'espace est déformé par la gravité, et cette déformation permet d'enfermer un immense volume dans une sphère minuscule. La masse de l'étoile de Planck a créé cette grande déformation. L'évaporation referme la porte, mais le grand entonnoir interne demeure.

C'est étonnant mais c'est le même étonnement que ressent une fourmi qui a toujours vécu sur une place lorsqu'elle découvre qu'elle peut accéder à un grand parking souterrain par un petit trou dans le bitume. Ce que notre étonnement nous apprend, c'est qu'il ne faut pas trop se fier aux idées intuitives : le monde est plus varié et plus étrange que nous ne l'imaginons.

L'existence d'une surface minuscule renfermant un grand volume a semé la confusion chez les physiciens. La communauté scientifique est divisée et querelleuse. Je vais vous parler de cette querelle. Ce chapitre est plus technique que le reste du livre, vous pouvez le sauter si vous le souhaitez ; il s'agit du compte rendu d'une vive controverse scientifique en cours. Il est nécessaire pour mes lecteurs plus experts, sans quoi ils vont protester.

Le désaccord porte sur la quantité d'« information » que l'on peut faire entrer dans un objet de grand volume mais de petite surface. Une partie de la communauté scientifique est convaincue qu'un trou noir avec un petit horizon ne peut contenir qu'une petite quantité d'*information*. L'autre partie n'est pas d'accord.

Que signifie « contenir de l'information » ?

Plus ou moins ceci : y a-t-il plus de choses dans une boîte avec cinq gros ballons, ou dans une boîte avec vingt petites billes ? La réponse dépend de ce que l'on entend par « plus de choses ». Cinq ballons sont plus gros, ils pèsent plus lourd, donc la première boîte contient « plus de matière », plus de substance, plus d'énergie, plus de tout. Dans ce sens, il y a « plus de choses » dans la boîte avec les ballons.

Mais le nombre de billes est supérieur au nombre de ballons. Si, par exemple, nous voulions envoyer des signaux en colorant chaque bille ou chaque ballon d'une couleur, nous pourrions envoyer plus de signaux, plus d'information avec les billes, car elles sont plus nombreuses. En ce sens, il y a « plus de choses », plus de détails, dans la boîte de billes. Plus précisément : il faut plus d'« information » pour décrire les billes que les ballons, car elles sont plus nombreuses.

En termes techniques, la boîte de ballons contient plus d'*énergie*, la boîte de billes peut contenir plus d'*information*.

Un vieux trou noir, très évaporé, a peu d'énergie : l'énergie a été prélevée par le rayonnement de Hawking. Peut-il encore contenir *beaucoup* d'information ? Voilà le problème.

Certains de mes collègues sont convaincus qu'il n'est pas possible d'entasser autant d'information sur une petite surface. En d'autres termes, ils sont convaincus qu'une fois que l'énergie a presque entièrement disparu et que l'horizon est devenu minuscule, il ne peut y avoir qu'une très faible quantité d'information à l'intérieur.

Une autre partie de la communauté scientifique (à laquelle j'appartiens) est convaincue du contraire : il peut encore y avoir beaucoup d'information dans un trou noir, même très évaporé. Chaque camp est convaincu que l'autre s'est égaré.

Les controverses de ce type sont courantes dans l'histoire de la science ; en fait, elles en font le sel. Les désaccords peuvent durer longtemps. On se divise, on argumente. On se chamaille. Peu à peu, on finit par comprendre. Quelqu'un finit par avoir raison, et l'autre tort.

À la fin du XIXe siècle, les physiciens étaient divisés en deux factions : l'une qui suivait Boltzmann et était convaincue que les atomes existaient réellement. L'autre qui suivait Mach et pensait qu'il s'agissait de fictions mathématiques. La controverse était féroce. Ernst Mach était grand, mais Boltzmann avait raison : nous voyons aujourd'hui les atomes au microscope.

Je pense que les collègues qui sont convaincus qu'un petit horizon peut contenir peu d'informations se trompent, même si, à première vue, leurs arguments semblent convaincants. Examinons-les.

Le premier argument est que l'on peut calculer le *nombre* de composants élémentaires d'un objet (combien de molécules, par exemple) à partir de (la relation entre) son énergie et sa température[4]. Pour un trou noir, nous connaissons son énergie (c'est sa masse) et sa température (Hawking l'a calculée), et nous pouvons donc faire le calcul. Le résultat indique que plus l'horizon est petit, plus le nombre de ces composants élémentaires est faible. Comme si on n'avait que quelques billes.

Le deuxième argument est qu'il existe des calculs explicites qui permettent de compter directement ces composants élémentaires, en utilisant *les deux* théories de gravité quantique les plus étudiées : la théorie des cordes et la théorie des boucles. Ces deux grandes rivales sont toutes deux parvenues à effectuer ce comptage en 1996, à quelques mois d'intervalle[5]. Pour les deux, le nombre de composants élémentaires diminue lorsque l'horizon rétrécit[6].

Ces arguments semblent très forts. Sur la base de ceux-ci, de nombreux physiciens ont accepté un « dogme » (eux-mêmes l'appellent ainsi) : le nombre de composants élémentaires enfermés par une petite surface est nécessairement petit. Très peu d'information peut donc être contenue à l'intérieur d'un petit horizon.

Si les preuves du « dogme » sont si fortes, où est l'erreur ?

L'erreur est que les deux arguments ne comptent *que* les composants du trou noir qui peuvent être détectés de l'extérieur tant que le trou noir reste noir. Ce sont *les composants qui résident sur l'horizon.*

Les deux arguments, en d'autres termes, négligent le grand volume interne. Ils sont formulés du point de vue de quelqu'un qui reste éloigné du trou noir, ne voit pas l'intérieur, et suppose que le trou noir reste tel quel pour toujours. Si le trou noir reste ainsi à jamais – rappelez-vous –, la personne qui en est éloignée ne voit que ce qui est à l'extérieur ou juste sur l'horizon. C'est comme si l'intérieur n'existait pas pour elle. *Pour elle.*

Mais l'intérieur existe ! Non seulement pour ceux qui (comme nous) se hasardent à l'intérieur : mais aussi pour ceux qui ont la patience d'attendre que l'horizon noir devienne blanc, permettant à ce qui est enfermé dans le trou noir d'en sortir.

En d'autres termes, prendre la description d'un trou noir donnée par des cordes ou des boucles comme une description *complète*, c'est ne pas avoir digéré l'article de Finkelstein de 1958 : la description d'un trou noir en termes de coordonnées externes est incomplète !

Le calcul de la gravité quantique à boucles est révélateur : le nombre de composants est calculé précisément en comptant le nombre de « quanta d'espace » *sur l'horizon*. Mais le calcul des cordes, à y regarder de plus près, fait la même chose : il suppose que le trou noir est *stationnaire*, c'est-à-dire qu'il ne change jamais, et se base sur ce que l'on peut voir à distance. Il néglige donc *par hypothèse* ce qui se trouve à l'intérieur, et qui ne sera visible de loin qu'*après* que le trou noir aura fini de s'évaporer, c'est-à-dire lorsqu'il ne sera plus stationnaire. L'intérieur du trou noir, rappelons-le, n'est pas du tout stationnaire – il change : le long tube s'allonge et se contracte.

En résumé, je pense que beaucoup de mes collègues se trompent par impatience (ils pensent que tout doit être résolu avant la fin de l'évaporation, où la gravité quantique devient inévitable) et parce qu'ils négligent ce qui se trouve au-delà de ce qu'on peut voir de l'extérieur : deux erreurs que nous commettons souvent dans la vie.

Les disciples du dogme ont un problème sur les bras. Ils l'appellent le « paradoxe de l'information dans les trous noirs ». Ils se sont convaincus qu'à l'intérieur du trou noir évaporé il n'y a plus aucune information. Or, à l'intérieur d'un trou noir, l'information tombe, parce que tout tombe : tout ce qui tombe entraîne de l'information. L'information ne s'évapore pas dans la nature. Où va-t-elle ?

Pour résoudre le paradoxe, les disciples du dogme imaginent que l'information doit sortir d'une manière mystérieuse, peut-être cachée dans les plis du rayonnement de Hawking, comme Ulysse et ses compagnons sortant de la grotte de Polyphème cachés sous les moutons. Ou bien ils spéculent que l'intérieur du trou noir est relié à l'extérieur par d'hypothétiques canaux invisibles... Ils se raccrochent à n'importe quoi, en somme. Ils cherchent des idées ingénieuses pour sauver le dogme, comme le font tous les dogmatistes en difficulté.

Mais l'information qui entre dans l'horizon n'en sort pas par magie. Elle sort de l'horizon après qu'il est devenu blanc.

À la fin de son existence, Stephen Hawking a dit qu'il ne fallait pas avoir peur des trous noirs de la vie : tôt ou tard, on en sort. On en sort, en passant par un trou blanc.

mais lorsqu'il y a des désaccords, il y a aussi des doutes : et si les autres avaient raison ? que faire ? lire, essayer de comprendre le raisonnement des autres, se remettre en question. mais ensuite, si à la fin il nous semble toujours que ce sont eux qui ont tort, nous devons avoir le courage d'écouter la voix du doux maître : *laisse dire les gens. sois comme une tour, à la cime assurée, que n'ébranle jamais le souffle des vents*. c'est cela, après tout, faire de la science. le but n'est pas de convaincre ceux qui nous entourent : le but est de comprendre. la lumière finira par percer. en son temps. il faut une humilité infinie pour ne pas se faire confiance. mais aussi une arrogance infinie pour avoir la force d'aller *par la plaine solitaire*. c'est ce qu'ont fait tous ceux qui ont ouvert des chemins.

*

en écrivant, j'ai deux lecteurs en tête. l'un ne connaît rien à la physique : j'essaie de lui transmettre combien fascinante est cette recherche.

l'autre sait tout : j'essaie de lui offrir de nouvelles perspectives. pour les deux, je résume l'essentiel : ceux qui ne connaissent rien à la physique ne s'intéressent qu'à l'essentiel, les détails sont des fardeaux inutiles. ceux qui connaissent déjà les détails n'ont pas envie de les entendre répéter.

mais, de cette façon, je mécontente – parfois même j'agace – la catégorie intermédiaire : ceux qui connaissent un peu ces choses, peut-être sans s'en être totalement imprégnés. les étudiants en physique, par exemple. les pires critiques que je reçois viennent d'eux. je comprends : il est déconcertant de voir des détails durement acquis passés sous silence, et encore plus de trouver des choses présentées différemment de la façon dont elles sont exposées dans les livres sacrés. je m'excuse auprès de ces lecteurs…

mais il y a une autre raison pour laquelle j'agace parfois les jeunes initiés : je n'utilise pas de jargon. je n'appelle pas les choses par le nom qu'on leur donne dans le métier. imaginez un marin à qui l'on crie « tire un peu la corde attachée à la petite voile ! » au lieu de « borde le foc ! » : il prend un coup. ceux qui ne sont pas initiés, en revanche, trouvent « tire un peu la corde attachée à la petite voile ! » plus clair que « borde le foc ! ».

en lisant les pages précédentes, les jeunes gens qui viennent juste d'étudier ces choses se seront arraché les cheveux : « mais enfin, satané rovelli : pourquoi n'appelle-t-il pas un chat un chat ? » pour ceux-là, la longue note ci-dessous est une traduction de mon argument en jargon. elle dit les mêmes choses que les pages précédentes mais en termes techniques. mes lecteurs profanes n'en tireront aucun bénéfice ; mes lecteurs puristes se sentiront un peu plus à l'aise, et trouveront l'argumentation plus précise[7].

3

Refermons cette parenthèse sur la controverse autour du « paradoxe de l'information » (qui n'est pas un vrai paradoxe), et revenons à nos moutons. Le rayonnement de Hawking est irréversible, comme le refroidissement d'un poêle chaud. La vie d'un trou noir ne peut donc pas être réversible. Le rebond ne peut pas être complet.

Repensons au ballon qui rebondit sur le sol. J'ai écrit qu'il rebondit vers le haut en se déplaçant selon la trajectoire de sa chute, vue en remontant le temps. Mais ce n'est pas tout à fait vrai. La friction de l'air ralentit la chute, elle ralentit aussi la remontée, et le rebond sur le sol n'est jamais parfaitement élastique : il laisse une trace sur le sol. Ce sont des phénomènes irréversibles. Le ballon dissipe de l'énergie en chaleur. La remontée après le rebond n'est pas exactement la même que la chute : le ballon ne revient pas à la hauteur d'où il est parti.

Le rebond de la balle, en d'autres termes, est un phénomène qui n'est réversible qu'en première approximation. À y regarder de plus près, certains phénomènes irréversibles font que l'histoire n'est pas vraiment symétrique dans le temps : le passé et le futur sont différents.

Pour une étoile de Planck, c'est la même chose : le trou noir perd de l'énergie en émettant un rayonnement de Hawking, il devient petit, et lorsque l'étoile rebondit en trou blanc, elle ne ressort pas aussi grande qu'elle l'était en s'effondrant : elle reste petite. Le trou blanc qui se forme est plus petit que le trou noir qui lui a donné naissance.

Le rayonnement de Hawking peut rétrécir l'horizon jusqu'à ce qu'il devienne très petit. À ce stade, la déformation de l'espace-temps autour de l'horizon est très importante. Il est alors en plein régime quantique et la probabilité de saut du noir au blanc devient très grande : le rebond a lieu[8]. Le trou blanc n'a pas d'énergie pour croître à nouveau. Il reste très petit. Il émet un rayonnement très faible pendant un temps très long[9], jusqu'à ce qu'il disparaisse complètement.

Les chemins empruntés par l'énergie et par l'information pendant le cycle de vie de l'étoile de Planck sont donc très différents. La quasi-totalité de l'énergie initiale de l'étoile disparaît dans le rayonnement de Hawking. La manière dont l'étoile elle-même perd son énergie est curieuse, et fondamentalement quantique : le rayonnement de Hawking a une composante d'énergie négative (oui, l'énergie peut aussi être négative dans le monde quantique !) qui pénètre dans le trou noir. Celle-ci ronge la masse du trou noir, et finit sur l'étoile, annihilant son énergie initiale (positive). L'énergie résiduelle qui atteint le trou blanc est très faible. Voici le flux de la plus grande partie de l'énergie :

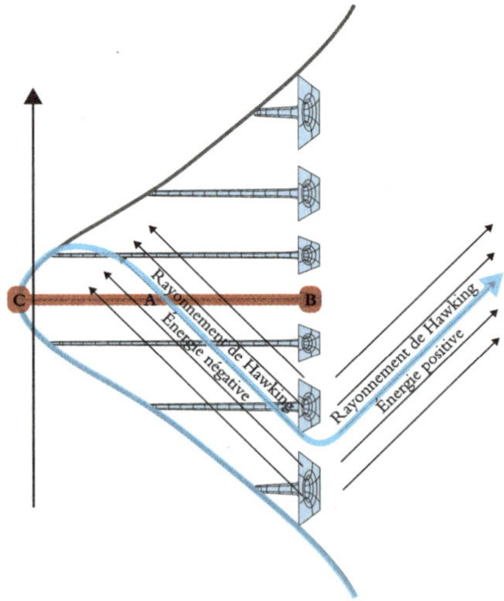

À l'inverse, l'information qui est entrée dans l'horizon reste piégée jusqu'au rebond quantique. Le rebond la libère, et celle-ci peut *revenir au monde clair*.

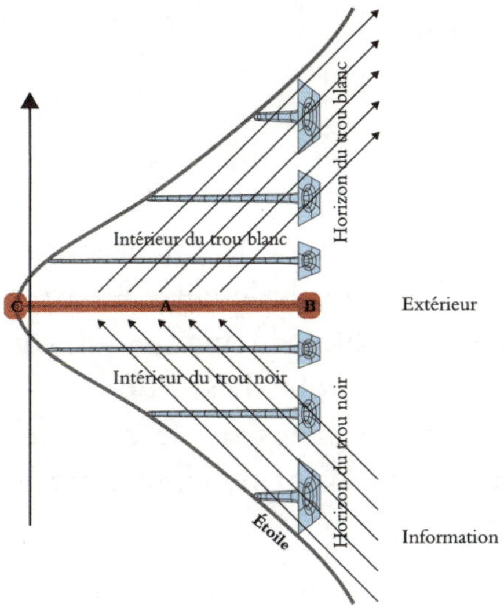

Faire sortir beaucoup d'information d'un très petit horizon avec peu d'énergie prend un temps très long (pensez à beaucoup de très petites balles qui doivent sortir d'un petit trou).

Lorsque toute l'information et l'énergie interne résiduelle sont sorties, le cycle de la longue et heureuse vie d'une d'étoile de Planck est terminé.

4

Nous approchons de la fin de notre histoire. Mais l'imbrication subtile entre les aspects réversibles et irréversibles du temps qui gouverne le destin des trous noirs laisse ouvertes certaines questions très générales sur le sens de l'écoulement du temps. Avant de clore ce récit, je veux les aborder.

Le rebond est permis par symétrie par rapport à l'inversion du temps, mais le temps conserve sa direction : le moment précis du rebond est symétrique par renversement du temps, mais l'ensemble du processus ne l'est pas. Les effrayantes distorsions temporelles des trous noirs et blancs bouleversent notre intuition du temps, mais n'affectent pas son orientation : le passé reste toujours différent du futur. Comment cela se fait-il ?

La physique nous dit quelque chose de très étrange sur la direction du temps[10], qui ne vous aura peut-être pas échappé. J'ai écrit plus haut que les équations fondamentales ne distinguent pas le passé du futur. La direction du temps ne vient pas des équations. Mais ensuite j'ai parlé de phénomènes orientés dans le temps. D'où vient la direction du temps si elle n'est pas inscrite dans la grammaire fondamentale du monde ?

Elle vient du fait que nous vivons dans l'une des nombreuses solutions possibles des équations fondamentales, et que dans *cette solution*, le passé est spécial, du moins de notre point de vue. La différence entre le passé et le futur, c'est un peu comme la différence entre le nord et le sud pour qui vit à la montagne : dans une direction, ça monte, dans l'autre, ça descend. Le nord et le sud ne sont pas intrinsèquement différents ; mais il se trouve qu'ici, sur la montagne, les choses sont différentes au nord et au sud. Sur le versant italien du Mont Blanc, le « haut » est au nord ; sur le versant français, il est au sud. L'écoulement irréversible du temps est le reflet de la façon dont les choses se trouvent être arrangées, pour nous.

C'est la même chose pour une étoile de Planck. La différence entre le passé et le futur ne provient pas d'une dissymétrie intrinsèque du temps. Elle vient du fait que le passé était spécial. Pensez-y : dans le futur, le rayonnement de Hawking remplit le ciel d'une énergie diffuse. Dans le passé, cette énergie est concentrée dans l'étoile qui va s'effondrer. Le passé est une direction spéciale pour une étoile de Planck pour la même raison que le sommet est une direction spéciale dans un paysage de montagne.

Il n'est pas facile de digérer cette équivalence fondamentale entre passé et futur. Elle va à l'encontre de nos intuitions les plus enracinées. Est-il vraiment possible que *toutes* les différences entre le passé et le futur se réduisent *seulement* à une conséquence de la façon dont les choses étaient arrangées dans le passé ? Notre intuition nous dit le contraire, elle nous dit que le passé est radicalement différent du futur : il est déterminé, alors que le futur est indéterminé. La nature même de la réalité, nous dit notre intuition, est un écoulement dans un temps orienté. Est-il possible que notre intuition se trompe à ce point ? Si elle se trompe, pourquoi se trompe-t-elle ?

Je me suis très souvent posé cette question au cours des mois de travail fiévreux sur les trous blancs et leurs distorsions temporelles, alors que je zigzaguais entre les aspects réversibles et irréversibles des horizons.

Il y a deux évidences, qui nous touchent de près et qui distinguent radicalement le passé du futur. Elles semblent si élémentaires, si banales, qu'il nous est impossible d'envisager l'idée que, dans la nature, le temps n'a pas de direction propre. Deux dissymétries flagrantes entre le passé et le futur, qui semblent irréductibles.

La première est que nous connaissons le passé, et non le futur. Le passé nous apparaît donc fixe, déterminé. La seconde est que nous pouvons décider du futur, et non du passé. L'avenir nous apparaît ouvert, indéterminé. Est-il possible que ces différences fondamentales entre passé et futur ne soient que des accidents de la configuration des choses ?

Ceci est étonnant. Mais *ceci*, nous pouvons le démêler.

5

Imaginez deux réservoirs remplis d'eau, reliés par un petit canal contenant une cloison étanche qui peut être fermée ou ouverte.

Si la cloison est ouverte, l'eau des deux réservoirs est à la même hauteur. Il s'agit d'un état d'équilibre. Tout est statique, rien ne distingue le passé du futur : un film projeté à l'envers ne peut être distingué du film original.

Fermons la cloison et ajoutons de l'eau dans l'un des réservoirs. Le niveau d'eau est supérieur dans ce réservoir. Chaque réservoir est en équilibre par lui-même, mais les deux réservoirs ne sont pas en équilibre l'un avec l'autre. Il y a un déséquilibre, maintenu par la cloison qui empêche l'écoulement. Encore une fois, tout est statique et rien ne distingue le passé du futur : un film projeté à l'envers est indiscernable d'un film projeté dans le bon sens.

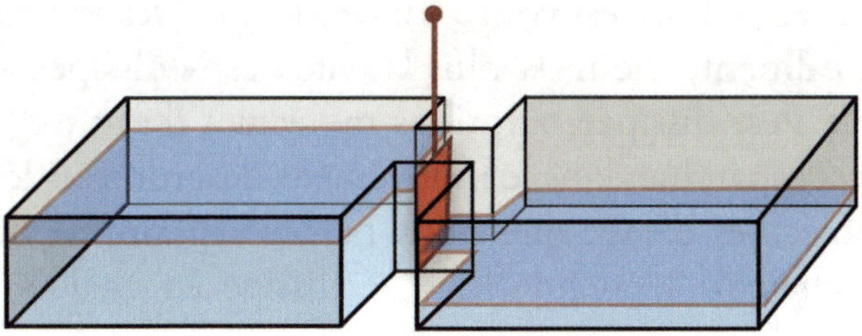

Considérons maintenant le cas où la cloison est ouverte pendant un bref instant. De l'eau coule dans le canal, elle se déverse vers le réservoir le moins profond en y provoquant une vague.

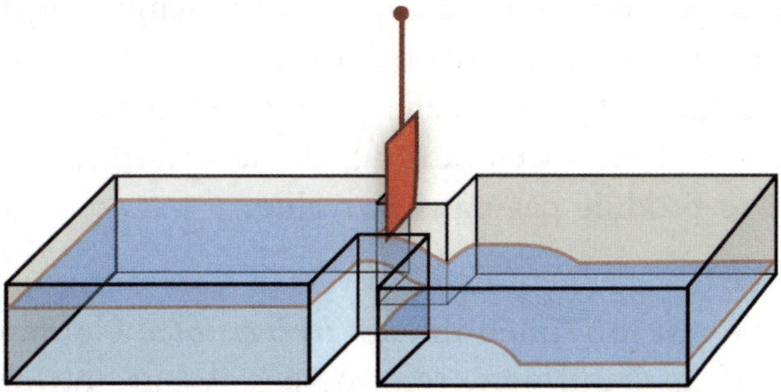

La vague rebondit sur les parois, se disperse et, après un certain temps, disparaît. La hauteur de l'eau dans les deux récipients s'est équilibrée.

Tout cela fait partie de notre expérience quotidienne. L'énergie des vagues libérée par l'ouverture de la cloison est appelée « énergie libre ». L'énergie libre est consommée : lorsque les vagues se calment, elle n'est plus là, elle s'est « dissipée ». Elle s'est dissipée parmi les molécules d'eau : elle s'est répandue dans le mouvement désordonné des molécules d'eau, que nous percevons comme de la chaleur. L'énergie libre se dissipe en chaleur.

La phase intermédiaire de ce processus est intéressante : après l'ouverture de la cloison, avant le retour au calme. Ce qui se passe dans *cet* intervalle (et *uniquement* dans cet intervalle) est orienté dans le temps. Si on le filme et qu'on projette le film à l'envers, on voit quelque chose d'absurde : de l'eau qui commence à s'agiter toute seule, s'organise en une vague, glisse dans le canal en laissant le calme plat derrière elle, et se rassemble au-delà de la cloison juste avant qu'elle ne se ferme. Cela ne se produit pas dans la réalité.

Le déversement de l'eau vers le réservoir moins plein est un phénomène *irréversible*. Comme l'œuf cassé qui ne se reforme pas. Avant l'ouverture de la cloison tout est réversible, après que les vagues se sont calmées tout est également réversible. Dans la phase intermédiaire, il y a irréversibilité.

Trois ingrédients sont à l'origine de cette irréversibilité : (1) le déséquilibre initial – l'eau à des hauteurs différentes dans les deux réservoirs ; (2) quelque chose qui a préservé ce déséquilibre pendant longtemps – la cloison ; et (3) le fait qu'il faut du temps pour retrouver l'équilibre.

Ces trois conditions – (1) un déséquilibre initial, (2) des systèmes isolés qui interagissent occasionnellement et (3) des temps d'équilibration longs – se retrouvent partout dans l'univers dans lequel nous vivons.

(1) Dans le passé, l'univers était très comprimé : c'est une situation de déséquilibre. Depuis, il s'est étendu et s'étend encore : il est en déséquilibre.

(2) L'univers est plein de déséquilibres maintenus par des « cloisons ». Par exemple, l'hydrogène et l'hélium sont en déséquilibre comme les réservoirs : la « cloison » qui les empêche de s'équilibrer est le fait que la transformation de l'hydrogène en hélium ne se fait pas à froid. Mais, de temps en temps, il arrive qu'un gros nuage d'hydrogène se comprime sous l'effet de la gravité, se comprime et se réchauffe, la température augmente, et cela rend possible la transformation de l'hydrogène en hélium : la « cloison » qui empêchait l'hydrogène et l'hélium de se rencontrer s'est ouverte.

Une étoile est née. Les étoiles sont le canal par lequel un passage a été ouvert, comme le canal par lequel l'eau s'écoule entre les deux réservoirs : l'hydrogène se transforme en hélium, il court vers l'équilibre. Le processus est irréversible, comme la vague qui se déverse dans le réservoir moins plein.

(3) L'eau des cuves atteint l'équilibre au bout de quelques minutes, mais une étoile comme le Soleil met des milliards d'années à se consumer. La vague d'irréversibilité qu'il produit, comme celle qui sort du réservoir le plus haut, frappe quotidiennement la Terre, et donne lieu aux innombrables processus irréversibles qui constituent la biosphère. Nous, les êtres vivants, sommes les tourbillons générés par les vagues d'eau provoquées par l'ouverture de la cloison. Nous sommes le bouillonnement irréversible de l'énergie libre qui était piégée dans le déséquilibre entre l'hydrogène et l'hélium, et qui a été libérée par le Soleil.

*

Nous arrivons au point clé. Regardez bien le dernier dessin : l'eau qui sort du canal. Sans autre information, vous pouvez en déduire que la cloison vient d'être ouverte. La vague *témoigne* de quelque chose qui s'est passé *avant* : l'ouverture de la cloison. Quelque chose dans le présent nous renseigne sur un événement *dans le passé.*

Les traces, les souvenirs, les enregistrements sont tous des phénomènes comme celui-ci. Des phénomènes irréversibles. Pour qu'ils se produisent, il suffit des trois conditions que j'ai énumérées : (1) des systèmes en déséquilibre, (2) des interactions occasionnelles, et (3) le système qui détient la trace, la mémoire, l'enregistrement, qui doit lui-même être capable de rester en déséquilibre pendant un certain temps.

Le déséquilibre initial du passé est la raison pour laquelle le présent a des traces *du passé*. La formation de chaque trace n'est qu'une étape intermédiaire vers l'équilibre[11]. Si le présent a des traces du passé, c'est donc uniquement à cause du déséquilibre du passé.

C'est seulement à cause de cela que nous nous souvenons du passé et non du futur : à cause du déséquilibre initial. Nous connaissons le passé parce qu'il y a des traces du passé dans le présent, par exemple dans notre mémoire. Ces traces sont là parce qu'il y avait un déséquilibre dans le passé. Ce n'est pas une direction intrinsèque du temps qui rend le passé connaissable – déterminé –, c'est la façon dont les choses étaient agencées à un certain moment, que nous appelons le passé. C'est le déséquilibre du passé, cela seulement, qui donne lieu à l'existence de traces[12]. Dire que le passé est déterminé, c'est dire que nous en avons de nombreuses traces.

Un météore qui tombe sur la Lune apporte une *énergie libre*. Le cratère est la trace qu'il laisse derrière lui, qui demeure jusqu'à ce que l'érosion l'efface. Dans ce temps intermédiaire, le cratère est une *trace* de l'impact, une *mémoire* de l'impact. Les traces existent dans ce temps intermédiaire. Un cratère est comme la vague dans le réservoir, sur des échelles de temps plus longues. Il en va de même pour une photographie, pour les souvenirs dans notre cerveau. Leur existence est due au fait que l'énergie libre est arrivée dans un système (la pellicule, notre cerveau) à partir d'un autre système qui n'était pas en équilibre avec lui, et au fait que l'équilibration prend du temps.

La raison pour laquelle nous nous souvenons du passé, et non du futur, réside entièrement dans le fait que l'univers était plus éloigné de l'équilibre à un certain point du passé qu'il ne l'est aujourd'hui.

Si un système atteint un équilibre complet, il n'y a plus de traces, il n'y a plus de mémoire, il n'y a rien pour distinguer le passé du futur. Tôt ou tard, toute mémoire s'estompe, effacée par l'usure du temps. Tôt ou tard, de nos fières civilisations, de ce que nous avons compris, des mots d'un livre comme celui-ci, de nos polémiques, de nos passions et de nos amours désespérées, il ne restera aucune trace.

6

L'autre phénomène qui semble irréductiblement irréversible, et qui nous touche d'encore plus près, est le fait que nous pouvons choisir l'avenir, mais que nous ne pouvons pas choisir le passé. Lorsque nous prenons une décision, nous pesons le pour et le contre, nous examinons les informations dont nous disposons, nous consultons notre mémoire, nous évaluons nos objectifs, nous tenons compte de nos valeurs, nous pesons nos motivations, nos désirs, nos convictions éthiques profondes, etc.

Une décision est un processus complexe. Un ordinateur qui joue aux échecs et qui, avant de faire un mouvement, « réfléchit », fait la même chose, mais de manière moins complexe que nous. La « décision » est le nom que nous donnons à ce processus complexe qui se déroule entre nos neurones avant une action. Cela n'a rien d'étrange :

le monde est plein de processus compliqués. Mais il y a un autre aspect de la prise de décision qui est important pour nous : nous pouvons décider « librement ». Peut-être à la fin d'un processus d'évaluation difficile, ou à la volée sans réfléchir, mais c'est *nous* qui décidons, spontanément, d'une manière qui ne peut être anticipée. Suite à cette décision libre, le monde peut évoluer vers deux avenirs différents. Au fond, nous pourrions tout aussi bien ne pas avoir mangé la barre de chocolat (pensons-nous… après l'avoir mangée). Nous pouvons décider « librement », mais seulement de l'avenir, pas du passé.

D'où vient *cette* dissymétrie du temps ?

La réponse est toujours la même : elle est le résultat du déséquilibre du monde dans lequel nous vivons. Une décision est aussi un pas irréversible vers l'équilibre[13]. La liberté de choix concerne la description *macroscopique* de ce qui se passe, pas sa description *microscopique*. C'est la *macro*-histoire qui se ramifie. Cela est possible car différentes *macro*-histoires sont compatibles avec le même *macro*-passé puisque différents *micro*-passés correspondent à ce *macro*-passé.

La liberté de nos décisions, que nous recherchons, qui nous est chère, est réelle, mais – comme

Spinoza l'avait déjà expliqué au XVIIe siècle – ce n'est que notre façon de nommer notre incapacité à reconstruire complètement le choix, à prédire ce que nous allons décider. Spinoza écrit : « Les hommes se croient libres parce qu'ils ont conscience de leurs choix et de leurs désirs, mais ils ignorent les causes qui les poussent à vouloir et à choisir, et ils ne prêtent aucune attention à ces causes[14]. » Et encore : « Les hommes [...] pensent que par leur propre volonté ils peuvent faire une chose ou s'en abstenir, opinion qui ne consiste qu'en ceci, qu'ils ignorent les causes qui les font agir comme ils le font[15]. »

Curieusement, certaines personnes sont très troublées par ce fait. Je pense qu'elles commettent une erreur, l'erreur du vieux pêcheur[16].

*

il était une fois un vieux pêcheur qui adorait le coucher de soleil. l'horizon explosait de couleurs flamboyantes, le soleil descendait majestueusement et plongeait lentement dans l'océan, le ciel prenait une douce couleur saphir et les étoiles s'allumaient une à une.

un jour, un homme de la ville vint voir le vieux pêcheur et lui dit : « tu sais, le soleil ne plonge pas dans l'océan. le soleil reste immobile là-haut, il brille toujours. ce que tu vois n'est qu'un spectacle en perspective dû à la rotation de la planète sur laquelle nous nous trouvons. »

le vieux pêcheur était étonné. il avait confiance en l'homme de la ville. il commença à s'énerver.

le coucher de soleil est une illusion – se dit-il –, donc il n'est pas réel. pendant des années, il avait observé un événement irréel. il s'était trompé toute sa vie.

si le coucher de soleil est une illusion, pensa-t-il, nous ne pouvons pas nous y fier. nous devons apprendre à penser sans coucher de soleil. il essaya, et ce fut un désastre : il ne savait pas quand s'endormir, il ne se réjouissait pas de la tombée de la nuit, et quand le coucher du soleil arrivait, il répétait : « c'est une illusion, ce n'est pas vrai, il n'y a pas de coucher de soleil, le soleil ne plonge pas dans l'océan : le soleil brille toujours, je dois prendre la réalité au sérieux, je ne dois pas m'endormir. » il ne pouvait plus dormir. il finit par devenir fou.

le vieil homme faisait une erreur, bien sûr. mais une erreur subtile. la question qui le préoccupait était de savoir si le coucher de soleil est réel ou illusoire. la réalité du coucher de soleil est démentie par le savoir de l'homme de la ville, en qui le vieil homme a confiance : le soleil ne plonge pas dans la mer. mais nier la réalité du coucher de soleil semble ridicule et conduit à des déductions dramatiques et insensées. d'où vient l'imbroglio ?

l'imbroglio vient de la signification de « coucher de soleil ». le vieil homme a grandi avec une idée du coucher de soleil : c'est le soleil qui plonge dans l'eau de l'océan. lorsqu'il apprend que le soleil ne plonge *pas* dans l'océan, il en conclut qu'il n'y a pas de coucher de soleil.

mais nous qui connaissons copernic, nous parlons sereinement des couchers de soleil, même si nous savons que le soleil ne bouge pas. nous apprécions les couchers de soleil, nous comptons sur les couchers de soleil, et il ne nous vient même pas à l'esprit de dire qu'il n'y a pas de couchers de soleil.

nous avons *ajusté* la notion de « coucher de soleil ». le coucher de soleil pour nous est réel, il n'a pas changé. mais ce n'est plus le soleil plongeant dans l'eau de la mer. si nous voulons vraiment y réfléchir, nous comprenons que c'est ce qui se passe lorsque la rotation de la Terre nous fait sortir de son côté éclairé. c'est toujours un coucher de soleil.

*

Devons-nous être troublés de découvrir que la distinction entre passé et futur n'est finalement qu'un effet de perspective ? Que notre liberté est un phénomène macroscopique, qui n'a pas d'équivalent au niveau microscopique ? Autant que de découvrir que le coucher de Soleil ne veut pas dire que le Soleil se couche dans la mer : cela ne change rien dans notre vie.

Au contraire, découvrir que la logique subtile qui gouverne les trous noirs est la même que celle qui gouverne notre mémoire et nos choix nous donne le sentiment de faire partie d'un même mouvement global, d'un même flux.

Toute information dans le monde macroscopique provient de la dissipation d'un déséquilibre dans le passé[17]. L'information contenue dans chaque souvenir reflète l'information implicite dans le déséquilibre passé. L'information créée dans chaque choix libre est payée par une diminution du déséquilibre, et provient donc d'un déséquilibre dans le passé.

Le point d'arrivée me semble extraordinaire : qu'il s'agisse de nos neurones, de nos livres, de nos ordinateurs, de l'ADN de nos cellules, de la mémoire historique d'une institution, de tout le contenu en données d'Internet, ou de la lumière dans les yeux saints du doux guide, la source ultime de toute l'information dont la vie, la culture, la civilisation, l'esprit sont constitués n'est rien d'autre que le déséquilibre de l'univers dans le passé[18].

Toute la biosphère, toute la culture sont comme les tourbillons formés par la vague entre les deux réservoirs d'eau, la chute irréversible depuis un état de déséquilibre, retardée, sur des milliards d'années, par la lenteur des phénomènes d'équilibration.

C'est la seule raison pour laquelle les effets viennent après les causes, et non avant. Une cause est une intervention qui laisse une trace, un souvenir : son effet. La relation entre la cause et l'effet est une étape de l'équilibration du monde. La physique des causes et des effets est la même que celle des traces et de la mémoire. Comme elles, il s'agit d'équilibration[19].

La direction du temps est cette équilibration des choses. Ce mouvement vers l'équilibre. C'est un phénomène accidentel, dû à l'état particulier des choses dans le temps que nous appelons le passé.

C'est un effet de perspective, car il concerne la description *macroscopique* du monde et dépend des variables macroscopiques utilisées pour le décrire. Mais les effets de perspective peuvent être majestueux. La rotation du Soleil, de la Lune et des étoiles autour de nous chaque jour est un effet de perspective – les étoiles et le Soleil ne tournent pas autour de nous : cela ne rend pas la rotation du ciel moins majestueuse.

Comme il est majestueux, l'écoulement cosmique du temps.

*

Dans un univers en équilibre, comme dans le réservoir après que la vague s'est calmée, rien ne nous permettrait de distinguer le passé du futur. Nous ne pourrions pas dire dans quel sens va le temps.

Mais il y aurait une conséquence encore plus radicale pour nous : nous ne pourrions pas avoir de pensées. Nous ne serions pas capables d'observer, de raisonner, car pour penser nous dissipons de l'énergie. Nous n'aurions pas de sens, car les sens enregistrent, c'est-à-dire qu'ils forment des souvenirs. Ils ne fonctionnent donc pas dans une situation d'équilibre. Nous ne serions pas capables d'écouter de la musique, car la musique existe dans notre tête, puisque nous nous *souvenons* des notes précédentes. Nous n'existerions pas en tant qu'êtres pensants et sensibles.

C'est parce que le déséquilibre est nécessaire pour penser qu'il nous est si naturel d'imaginer que le temps soit orienté, et si difficile d'accepter l'idée que l'orientation du temps n'est pas fondamentale. Le temps de notre pensée est orienté parce que notre pensée est elle-même un phénomène irréversible. Parce que *nous* sommes des phénomènes irréversibles.

Dans une version naturalisée de Kant, nous pouvons dire que l'existence d'une flèche du temps – c'est-à-dire les trois conditions du paragraphe précédent : déséquilibre, séparation des systèmes et temps de relaxation long – est une condition a priori de la conscience. La connaissance est un phénomène naturel chez des êtres naturels comme nous ; notre sensibilité, nos pensées sont des phénomènes macroscopiques qui dépendent précisément de cette flèche du temps.

Voici enfin la réponse à la question de savoir pourquoi il nous est si difficile de penser à la nature non orientée du temps : parce que notre pensée est fille de l'orientation du temps, elle est l'un des produits du déséquilibre initial.

Nous commettons toujours l'erreur de nous croire différents du monde qui nous entoure, nous pensons que nous le regardons de l'extérieur. Nous oublions que nous faisons partie du monde. Que nous sommes une chose comme toutes les autres choses.

C'est pourquoi enquêter sur la nature du temps finit toujours par nous toucher de près.

Même lorsque nous essayons de comprendre les trous blancs, nous ne sommes pas la raison pure, nous ne faisons pas partie d'un monde différent des objets que nous essayons de comprendre. Nous sommes des processus guidés par les mêmes étoiles.

*

c'est peut-être pour ça que nous nous intéressons à ce qui se passe à la fin d'une chute dans un trou noir. me demander ce qui nous motive est – je pense – la vraie raison qui me pousse à écrire. mieux : c'est pour ça que j'écris et réécris ces pages, par couches successives, constamment remixées… l'ordre des mots a peu à voir avec l'ordre confus dans lequel ils sont nés (j'en suis à ma cinquième révision). l'ordre du temps est toujours reconstruit. l'écoulement de la réalité est plus fluide que toutes nos tentatives laborieuses de le capturer… le temps n'est pas la carte de la réalité : il est une forme de stockage de la mémoire…

étudier une chose, c'est entrer en relation avec elle, former des corrélations qui nous permettent de représenter, de simplifier et de prédire comment cette chose, ce processus, se déroule.

comprendre, c'est s'identifier à la chose comprise, construire un parallélisme entre quelque chose qui est dans la structure de nos synapses et la structure de l'objet de notre intérêt. la connaissance est une corrélation entre deux parties de la nature. la compréhension est un trait d'union plus abstrait, mais plus intime, entre notre esprit et les phénomènes.

cet entrelacs de corrélations, entre l'immense richesse de notre mémoire individuelle et collective et la fabuleuse richesse de la structure du réel, est lui-même un produit indirect de l'équilibration des choses dans le temps.

nous, êtres de pensée et d'émotion, sommes cette imbrication, formée à un niveau macroscopique entre nous et le monde. nous ne sommes pas seulement des êtres sociaux vivant de relations avec d'autres êtres humains, des organismes biochimiques brûlant l'énergie libre du Soleil, en chœur avec le reste de la biosphère : nous sommes aussi des animaux dotés de neurones entrelacés, grâce à ces corrélations, avec la réalité.

nous sommes curieux de tout, comme les chats, même des trous blancs. il est dans notre nature de vouloir aller voir. mais appeler ceci « curiosité » est peut-être réducteur. c'est notre mouvement naturel vers les choses, parce que les choses sont ce que nous sommes, elles sont nos sœurs.

le frisson de la découverte, les heures passées à discuter et à réfléchir, la joie légère de cette journée avec hal… tout cela n'est pas seulement de la curiosité : c'est un étrange et vague désir de s'approcher des choses. *nous allions par la plaine solitaire…*

finalement, le vrai sens des mots, il me semble, n'est pas de communiquer. c'est de conserver les choses avec nous, d'être en relation avec elles.

quand nous parlons avec des amis, avec des gens que nous aimons, nous ne parlons pas pour leur dire quelque chose, c'est le contraire : nous utilisons l'excuse de vouloir leur dire quelque chose pour leur parler.

lorsque dante, au paradis, interroge béatrice sur des questions doctrinales, est-ce vraiment celles-ci qui le motivent ? ou n'est-ce pas plutôt le fait d'arriver au moment où *béatrice me regarda, les yeux emplis d'étincelles d'amour si divines que, défaites, mes forces cédèrent, et je défaillis, les yeux baissés* ?

il en va de même avec le monde. étudier l'espace, le temps, les trous noirs et blancs, c'est l'une de nos façons de nous mettre en relation avec la réalité. en ne disant pas « ça », mais « toi ». comme le font les poètes lyriques quand ils parlent à la lune. dans le *livre de la jungle*, tous les animaux échangent le cri de reconnaissance mutuelle : « nous sommes du même sang, toi et moi. »

je pense que nous devrions toujours nous adresser à l'univers en disant « tu », pour le comprendre et pour nous comprendre nous-mêmes, le « tu » qui reconnaît notre identité avec les choses : nous sommes du même sang, toi et moi. chaque fois que c'est un novembre sombre et bruineux dans notre âme, nous pouvons embarquer tranquillement sur le bateau qui nous emmène dans le monde.

il y a de nombreuses années, alors que je voyageais seul en inde, je me suis retrouvé écrasé et ballotté pendant de longues heures dans un bus délabré, rempli à ras bord d'humains et d'animaux, traversant péniblement la chaleur torride d'une campagne sans fin. accroupi contre moi et ballotté comme moi, il y avait un petit garçon indien vêtu d'une tunique blanche, avec un air timide. après un long moment, il s'est prudemment adressé à moi pour me demander s'il pouvait me poser une question. la question, sans préambule, était de savoir « quel était mon chemin vers dieu ». je ne pouvais pas répondre, bien sûr. peut-être qu'aujourd'hui, après tant d'années, je pourrais lui dire quelque chose.

le sens de la vie, d'après un vieux sioux, c'est s'adresser avec une chanson à tout ce que nous rencontrons.

ceci est ma chanson pour les trous blancs.

7

Le tableau est complet. Un grand nuage d'hydrogène qui navigue à travers l'espace commence à s'affaisser sous l'effet de sa propre gravité. En se contractant, le nuage se réchauffe et s'allume ; il devient une étoile. L'hydrogène brûle pendant des milliards d'années et finit par se consumer en hélium et d'autres cendres. Plus rien ne résiste à la gravité, et l'étoile tombe dans un trou noir. Ou bien un trou noir se forme dans l'enfer de l'univers primordial, où les fluctuations et la chaleur de toute chose sont violentes.

Quelle que soit l'origine du trou noir, la matière tombe et rejoint vite le centre. Là, la structure quantique de l'espace et du temps empêche l'effondrement de se poursuivre. Une étoile de Planck est apparue. Elle rebondit et commence à exploser.

Autour de l'étoile, à l'intérieur du trou noir, l'espace fait lui aussi un saut quantique et la géométrie se réarrange, comme Gandalf, de gris à blanc.

Le processus de transition est de même nature que celui qui a donné naissance au Big Bang, peut-être suite à l'effondrement d'un autre univers : l'espace et le temps se dissolvent, puis se reforment. C'est un processus hors de l'espace et du temps, et pourtant décrit par les équations de la gravité quantique.

Dans le trou blanc, tout ce qui tombait vole maintenant vers le haut. À la fin, tout ce qui était entré ressort de l'horizon blanc et retourne voir le Soleil et les autres étoiles.

Vu de l'extérieur, le processus dure extrêmement longtemps. Des milliards d'années, ou même plus. Le trou noir met un temps extraordinairement long à s'évaporer[20], le trou blanc met encore plus longtemps à se dissiper[21], en recrachant toute l'information et le peu d'énergie qu'il lui reste, jusqu'au terme de cet extraordinaire processus, la longue et heureuse vie d'une étoile.

Longue, mais finie, comme notre vie à nous est finie, comme la vie de tous les organismes vivants, de toutes les étoiles, de toutes les galaxies, de toutes les histoires dans cet univers de joie et de douleur. Même les trous blancs ne sont pas éternels.

Mais « longtemps » fait référence au temps qui passe *pour qui est à l'extérieur*, qui voit une étoile s'effondrer et attend que le trou noir s'évapore, se transforme en trou blanc, et laisse finalement s'échapper ce qu'il contient, jusqu'à ce que l'horizon se dissipe. C'est le temps *extérieur*. Qui pénètre dans l'horizon, avec la matière qui lui donne naissance en s'effondrant, ou bien plus tard, arrive à la zone quantique en une fraction de seconde – au maximum quelques heures, si l'étoile était vraiment gigantesque. Celui-là traverse la zone quantique en un éclair et quitte l'horizon du trou blanc aussi rapidement, se retrouvant, en très peu de temps de *son* temps, dans un futur lointain.

Un instant à l'intérieur ce sont des milliards d'années à l'extérieur. Des perspectives aussi sidéralement différentes sur le temps coexistent dans notre univers. Notre intuition habituelle de la longue chorale de la vie de l'univers est bouleversée. La gravité plie le temps davantage que nous ne l'imaginions. Tout le processus de la vie d'un trou noir et blanc est comme un raccourci pour arriver, en un instant, dans un futur extrêmement lointain.

C'est cela, en somme, le rebond d'une étoile de Planck : un raccourci vers le futur. Une façon de se cacher, en sécurité pendant quelques instants, tandis qu'à l'extérieur s'écoulent les éons du temps.

Et pourtant, tout cela n'est rien d'autre que la dissipation d'énergie libre concentrée : un petit chapitre dans la croissance globale de l'entropie. D'une part, les trous blancs déforment notre sens du temps ; de l'autre, ils nous montrent une fois encore l'immensité du fleuve qui est la dissipation vers l'équilibre. Le courant éternel de Rilke, qui *charrie tous les âges à travers les deux royaumes et de sa grande voix couvre leur rumeur chez les vivants et chez les morts.*

Pour ceux qui restent dehors, le trou blanc est un petit objet très stable, qui rayonne très faiblement de sa minuscule énergie résiduelle, avec une gravité tout à fait normale, pendant très longtemps. À l'intérieur, c'est un vaste monde.

Une masse grande comment ? Pas plus petite que la masse de Planck, car un horizon avec la masse de Planck a la taille d'une aire de Planck, et la granularité de l'espace empêche tout ce qui est plus petit d'exister. Mais pas beaucoup plus grande non plus, car un gros trou blanc est instable et deviendrait noir[22]. Une masse de Planck est la masse d'un petit cheveu.

Un trou blanc est comme un cheveu qui flotte dans le ciel.

Contrairement à un cheveu, il n'a pas de charge électrique, il n'interagit donc pas avec la lumière : vous ne pouvez pas le voir. Il n'a que sa gravité très faible.

Si de nombreux trous noirs se sont formés dans l'univers primitif, ou dans une phase de l'univers avant le Big Bang, et sont maintenant évaporés, il est possible qu'en ce moment ils flottent dans le ciel par millions, ces grains minuscules et invisibles, les trous blancs.

*

sont-ils vraiment là ?

qui sait ? ça nous plairait beaucoup, à hal et moi. par ce premier regard, une véritable histoire d'amour ne peut que s'ouvrir, jamais se fermer : l'histoire que j'ai racontée et re-racontée dans l'écriture et la réécriture de ces lignes n'est pas terminée, c'est une histoire en train de s'écrire. nous regardons vers le mystère. nous essayons d'entrevoir dans l'obscurité et d'interpréter des signes.

peut-être, comme le trou noir au centre de la voie lactée dont le sifflement a été entendu par des millions d'Américains le soir du 15 mai 1933 sans que personne sache ce que c'était, peut-être que ces minuscules trous blancs qui flottent dans le ciel ont déjà été découverts depuis longtemps, sans avoir été encore reconnus : les astronomes observent depuis longtemps que l'univers fourmille d'une mystérieuse poussière invisible, qui ne se manifeste que par sa gravité. on l'appelle « matière noire ».

une partie de la matière noire pourrait peut-être être constituée de milliards et de milliards de ces petits trous blancs délicats, qui renversent le temps des trous noirs, mais pas trop, et flottent légèrement dans l'univers, comme des libellules…

London Ontario, Marseille, Vérone
2020-2022

Notes

Première partie

1. D. Finkelstein, « Past-Future Asymmetry of the Gravitational Field of a Point Particle », *Physical Review*, n° 110, 1958, pp. 965-967.

2. Je décris l'intérieur de la géométrie de Schwarzschild dans la foliation qui maximise le volume des surfaces à temps constant. Pour les détails techniques : M. Christodoulou, C. Rovelli, « How Big Is a Black Hole? », *Physical Review D*, n° 91, 2015, 064046.

3. Il manque une dimension au dessin : les cercles représentent des sphères.

4. Línjì Yìxuán, *Línjí lù*, Taisho Shinshu Daizokyo, 1958 ; édition française : *Les Entretiens de Lin-Tsi*, Paris, Fayard, « Documents spirituels », 1972.

5. Dans la foliation que nous utilisons, définie à la note 2.

6. La longueur de Planck est extrêmement petite (10^{-33} centimètres), mais le rayon du cylindre n'a pas

besoin d'atteindre cette taille pour entrer dans la région quantique. La courbure du trou noir est de l'ordre de la masse divisée par le cube du rayon ($R \sim M/r^3$), donc si la masse est assez grande, le rayon peut aussi être grand.

7. La physique quantique est caractérisée par une seule constante, la constante de Planck, qui détermine cette échelle.

Deuxième partie

1. L'idée que l'étoile qui tombe dans le trou noir puisse rebondir avait déjà été formulée dans C. Rovelli, F. Vidotto, « Planck Stars », *International Journal of Modern Physics D*, n° 23, 2014, 1442026. Francesca, coautrice de l'article, a joué un rôle clé dans cette histoire. Nous reviendrons bientôt sur la notion de « *Planck Stars* », ou étoiles de Planck.

2. Vous avez des doutes sur ce point ? Attendez la troisième partie du livre. Nous en parlerons.

3. C. Rovelli, L. Smolin, « Spin Networks and Quantum Gravity », *Physical Review D*, n° 52, 1995, pp. 5743-5759 ; « Discreteness of Area and Volume in Quantum Gravity », *Nuclear Physics B*, n° 442, 1995, pp. 593-619.

4. La théorie des représentations du groupe des rotations spatiales SO(3) et de son revêtement universel SU(2).

5. Roger Penrose, communication personnelle.

6. C. Rovelli, F. Vidotto, « Planck Stars », art. cité.

7. Ce n'est pas son volume, c'est sa densité qui atteint l'échelle de Planck.

8. Le changement de signe du temps change le signe de la vitesse, mais pas de l'accélération, qui reste attractive.

9. Un lecteur très avisé doutera de l'expression « mais il est improbable… ». Des pages seront consacrées à cette question plus tard. Pour l'instant, je ne parle que de possibilités, et non de probabilités.

10. Essentiellement : changer de coordonnées.

11. H. Haggard, C. Rovelli, « Black Hole Fireworks : Quantum-gravity Effects Outside the Horizon Spark Black to White Hole Tunnelling », *Physical Review D*, n° 92, 2015, 104020. https://arxiv.org/abs/1407.0989

Troisième partie

1. S.W. Hawking, « Black Hole Explosions? », *Nature*, n° 248, 1974, pp. 30-31.

2. Dissipation, croissance de l'entropie.

3. Peut-être d'autres aussi : Alejandro Perez, à Marseille, étudie la possibilité d'une dissipation vers la géométrie à l'échelle de Planck.

4. On peut en calculer l'entropie.

5. A. Strominger, C. Vafa, « Microscopic Origin of the Bekenstein-Hawking Entropy », *Physics Letters B*, n° 379, 1996, pp. 99-104 ; C. Rovelli, « Black Hole Entropy from Loop Quantum Gravity », *Physical Review Letters*, n° 77, 1996, pp. 3288-3291.

6. L'entropie est proportionnelle à la surface de l'horizon et le nombre d'états possibles est déterminé par l'entropie.

7. Le paradoxe de l'information découle de l'idée fausse selon laquelle le nombre total d'états d'un trou noir est mesuré par l'entropie de Bekenstein-Hawking, et donc par la surface de l'horizon. Il s'agit d'une version extrême de l'« holographie ». Il s'ensuit que l'évaporation réduit le nombre d'états : au temps de Page, il n'y en a plus assez pour purifier le rayonnement de Hawking. L'entropie de von Neumann doit commencer à diminuer, ce qui donne lieu à la courbe de Page. Il doit donc y avoir un mécanisme pour faire sortir l'information. Cet argument est basé sur deux hypothèses erronées. La première est que l'entropie de von Neumann est toujours inférieure à l'entropie thermodynamique. Cela n'est vrai que pour les systèmes ergodiques, et la dynamique d'un trou noir ne l'est certainement pas, en raison de sa structure causale qui ne permet pas l'égalisation de l'énergie entre l'intérieur et l'horizon. La partie du système déconnectée causalement continue de contribuer à l'entropie de von Neumann – par l'intrication formée dans le passé – mais pas à l'entropie thermodynamique. Lorsque l'horizon s'évapore, son entropie thermodynamique diminue, mais pas l'entropie de von Neumann, ce qui permet à l'information de rester à l'intérieur. La deuxième hypothèse erronée est que l'horizon est un horizon des événements. C'est un horizon apparent, mais le fait qu'il s'agisse ou non d'un horizon des

événements dépend de la gravité quantique, car la courbure extérieure devient planckienne *avant* la fin de l'évaporation. Les raisonnements liés au temps de Page dépendent de l'existence d'un horizon des événements, donc d'hypothèses (incorrectes) sur la gravité quantique. Le calcul du nombre d'états dans la théorie des cordes concerne un trou noir éternel, donc avec un horizon des événements. Il concerne le nombre d'états *distinguables de l'horizon* – où se trouvent les observables dans cette formulation. Ce sont des états de l'horizon, pas des états de ce qui se trouve à l'intérieur. L'information reste dans le trou noir. Elle en sort après qu'il s'est transformé en trou blanc avec une longue durée de vie.

8. Peut-être que cela peut même se produire plus tôt, lorsque l'horizon est encore assez grand – ce n'est pas clair pour moi.

9. Un très petit trou blanc (de la masse de Planck) est stable grâce à la gravité quantique.

10. J'en ai discuté longuement dans *L'Ordre du temps*.

11. Il produit de l'entropie.

12. Plus de détails dans C. Rovelli, « Mémoire et entropie », *Entropy*, n° 24, 8, 2022, 1022 ; arXiv:2003.06687.

13. Produit de l'entropie.

14. *Éthique*, annexe de la première partie.

15. *Éthique*, deuxième partie, note a 35.

16. C. Rovelli, « The Old Fisherman's Mistake », *Metaphilosophy*, n° 53, 2022, pp. 623-631.

17. Le déséquilibre est information, car meilleur est l'équilibre, plus le nombre de *micro*-états est grand, et plus petite est l'information contenue dans l'état macroscopique.

18. La faible entropie du passé est la source ultime de toute information contenue dans toute trace ou souvenir.

19. La distinction entre causes et effets n'a aucune signification dans la description microscopique des phénomènes. Au niveau des phénomènes microscopiques, il existe des régularités, des lois physiques, des probabilités, et ces notions ne distinguent pas le passé et le futur. La distinction entre passé et futur est une propriété de l'histoire de l'univers décrite par les variables que nous appelons macroscopiques. Ce n'est que pour celles-ci que nous pouvons parler de causes.

20. Un temps de l'ordre de M^3 en unités de Planck, où *m* est la masse *initiale* du trou noir.

21. Un temps de l'ordre de M^4 en unités de Planck.

22. Les trous blancs macroscopiques sont instables. En revanche, les trous blancs de masse de Planck sont stabilisés par la gravité quantique. C. Rovelli, F. Vidotto, « Small Black/White Hole Stability and Dark Matter », *Universe*, n° 4, 2018, p.127.

Crédits photographiques

p. 16 : Portrait de Hal par Fausto Fabbri, avec l'aimable permission de l'auteur. **p. 24** : « *Jansky Antenna* », in *Papers of Karl G. Jansky* © NRAO Archives. **p. 28** : Trou noir Sgr A*© ESO/EHT Collaboration. **p. 33** : Images réalisées Sean Baker, CC BY 2.0. **p. 35** : Portrait de David Ritz Finkelstein par Alan David (1984), avec l'aimable permission d'Aria Ritz Finkelstein. **p. 41** : Albrecht Dürer, *Mélancolie I* (1514), The Metropolitan Museum of Art, New York. **p. 45, 65** : Lune © NASA images/ Shutterstock.com, Terre © ASPARINGGA/Shutterstock.com. **p. 54, 61** : Image vectorielle © Mikesilent/ Shutterstock.com. **p. 65** : Image vectorielle © Syuzann/ Shutterstock.com, © X. Javid/Shutterstock.com.

Index

Table

NORD COMPO
multimédia

Composition et mise en pages
Nord Compo à Villeneuve-d'Ascq

N° d'édition : 555074-0
Dépôt légal : septembre 2023
Achevé d'imprimer en août 2023 par DZS Grafik en Slovénie